RENÉ CLARÉ

Une Ferme

d'Engraissement et d'Elevage

DANS LA SOMME

F. PAILLART
IMPRIMEUR-ÉDITEUR
ABBEVILLE

René CLARÉ

Une Ferme

d'Engraissement et d'Elevage

DANS LA SOMME

F. PAILLART
IMPRIMEUR-ÉDITEUR
ABBEVILLE

A MA MÈRE

AVANT-PROPOS

Les laboureurs, a-t-on dit, ne connaissent pas leur bonheur. On pourrait ajouter que les nations les plus prospères furent celles chez lesquelles l'agriculture a été en honneur, et que le peuple qui s'y est livré d'une façon toute spéciale a conquis le monde.

A toutes les époques de la vie des peuples nous trouvons une preuve nouvelle de la vérité de ce fait.

Que nous remontions à l'origine de l'histoire ou que nous nous rapprochions plus de l'époque à laquelle nous vivons, nous trouvons toujours comme point de départ de la prospérité et de la richesse, comme base de la grandeur d'un peuple, l'agriculture sous ses diverses formes, se modifiant à l'infini pour se modeler aux besoins des hommes, pour répondre aux conditions économiques d'une époque.

L'agriculture est en effet de toutes les industries hnmaines la plus naturelle sinon la plus simple, celle qui tire tous ses éléments, tous ses matériaux du sol ; elle est toujours la première qui mette en circulation les richesses naturelles d'une terre, comme elle est aussi la première et la seule qui puisse subvenir aux besoins de l'homme.

Si, remontant aux premiers âges de la création, nous ouvrons les pages de la bible, c'est pour y trouver la description des vastes troupeaux, des sacrifices offerts au Créateur. A cette époque primitive la fortune d'un homme se comptait par le nombre de moutons ou de bœufs ; l'amour de la patrie était remplacé par l'amour de la famille et l'amour de la terre.

C'est surtout avec la Grèce et plus tard avec les Romains que l'on a pu admirer tout ce que l'agriculture avait de beauté, de noblesse et de prospérité. Ces hommes, qui avaient érigé un temple à la Terre et un autre à Vesta, ont puisé dans le double culte du sol et de la famille la force nécessaire pour fonder l'empire le plus colossal que l'univers ait vu. Le légionnaire romain quittait son champ pour aller combattre les barbares aux frontières de l'empire, mais dans ces longues marches guerrières il emportait avec lui le souvenir, l'amour de sa famille et du sol qui le nourrit. Pour ces deux affections il savait combattre, vaincre ou mourir; il revenait, la guerre terminée, se reposer de ses fatigues sur le sol qu'avaient cultivé ses pères.

Le Sénat, dans ses grandes crises politiques, allait prendre à la charrue l'homme d'Etat ou le général dont il avait besoin pour sauver la République et celui-ci retournait à son soc une fois sa tâche accomplie.

En suivant l'histoire nous trouvons toujours aux périodes de gloire, de fortune et de prospérité des Etats, l'agriculture florissante offrant à tous les individus, aux riches comme aux pauvres, l'aisance et le bonheur.

Si nous tournons nos regards vers la nation française nous voyons nos grands rois, saint Louis, Henri IV, Louis XIV, s'intéresser au peuple des campagnes, stimuler son zèle, améliorer sa condition, l'attacher au sol qui le nourrit. Sully ne disait-il pas : « Agriculture et pâturage, voici les deux mamelles de la France. » A peine sortie des tourmentes de la révolution et des guerres plus ruineuses encore qui la suivirent, c'est encore vers la campagne que la France tourna les yeux, c'est elle qui lui a fourni pour la guerre les meilleurs et les plus braves de ses soldats, elle saura aussi lui donner pour la paix les travailleurs les plus solides et les plus robustes. Au commencement du siècle dernier l'agriculture française a connu une belle période, c'était alors le triomphe des animaux sélectionnés, c'était l'avènement de la culture moderne; des savants tels que Boussingault, Dombasle, Tessier, Chaptal, lui donnaient une impulsion, une vigueur nouvelle, et la France, réveillée d'une crise terrible, réparait peu à peu ses forces pour préparer sa gloire dans des luttes nouvelles.

Aujourd'hui le rôle de l'agriculture dans la prospérité des nations pour être plus efficace n'en est pas moins réel. L'Angleterre et l'Allemagne nous en donnent un exemple frappant; chez eux, contrairement à ce qui se passe en France, la culture du sol a conservé, vis-à-vis de l'industrie, un niveau constant se développant en même temps qu'elle réalisait cette admirable harmonie qui nous fait trouver, à côté de l'ouvrier fiévreux, faible et maladif des villes, le campagnard fort et vigoureux, à côté des rues noires, des usines où grondent les machines, la vaste étendue verte des campagnes où retentit le mugissement des bœufs ou la chanson du laboureur. Ces deux branches de l'activité humaine s'unissent alors pour fournir à l'homme l'utile et l'agréable.

Au cours de ces dernières années l'agriculteur français a enfin compris que, comme l'industriel, il devait entrer dans une période nouvelle; il a compris que, si jadis la vie des champs était synonyme de vie calme et laborieuse, aujourd'hui au calme ont succédé l'inquiétude, la crainte que le labeur d'antan, énergique dans sa persévérance, ne suffit plus pour amener le succès, que les grandes victoires ne se remportent plus sur les champs de bataille mais sur le terrain économique, et que, pour les remporter, il faut savoir se servir de toutes les armes et des meilleures.

Ces armes sont : l'union dans le travail, l'union dans la production comme dans la vente et le progrès agricole, l'utilisation des procédés les plus perfectionnés.

L'union des travailleurs du sol, union faite par les syndicats et les coopératives, est certainement la plus belle œuvre de ces dernières années ; elle est, pour l'agriculteur, une force qui lui permet de résister victorieusement à la concurrence étrangère et souvent de répandre dans les autres pays les produits de son travail ; elle lui permet, tout en réduisant les frais généraux au minimum, d'augmenter ses produits sans crainte de la surproduction.

Le progrès agricole, lui aussi, a marché à pas de géant, mais toutefois, si on a beaucoup fait en ce sens, tout l'honneur en revient certes aux sociétés agricoles, il y a beaucoup encore à faire.

Les Américains apportent dans nos ports des blés à 16 et 17 francs le quintal, bientôt ils apporteront des animaux, des viandes, du lait, je dirais presque tous les produits de la ferme.

Pour que nous puissions lutter contre cette concurrence, pour que nous puissions, à leur culture extensive qui opère sur de grandes étendues, opposer notre culture intensive, il faut que nous augmentions nos rendements. Il faut surtout que les cultivateurs, comprenant mieux l'économie de l'agriculture, s'attachent à la spécialisation des productions, spécialisation qui est commandée par les lois du climat, du sol, mais surtout par la loi des débouchés. Si c'est un contre sens économique de cultiver du blé sur des terres qui ne rendent que 9 ou 10 quintaux à l'hectare, c'en est un bien plus grand encore de produire sans pouvoir vendre.

Pour chaque région et pour chaque exploitation il est une spéculation et il n'en est qu'une qui, étant donné les conditions de climat, de sol, de débouchés, peut donner le maximum de bénéfice, c'est à sa recherche que le cultivateur doit travailler, ce n'est qu'à ce prix qu'il obtiendra des résultats.

Que dans les terres inférieures on plante des bois, que les terres moyennes soient livrées aux pâturages, les terres riches à la culture des céréales et des racines, que l'on produise les animaux d'élevage dans le centre de leur race, quoi de plus naturel. L'agriculture a fait aujourd'hui d'assez grands progrès pour que nous ne soyons plus esclave de l'ancienne école qui mesurait les rendements au fumier et au nombre d'animaux par hectare ; pour que l'on puisse, comme on le fait actuellement dans nombre de fermes du nord de la France, faire succéder le blé aux betteraves sans bétail, sans de grandes masses de fumier.

C'est, dominé par cette règle générale de la spécialisation en agri-

culture que nous avons entrepris ce travail ; dans le chapitre intitulé du choix d'une spéculation, nous avons posé brièvement les conditions économiques qui régissaient notre exploitation et tenant compte du climat et du sol que nous avions examinés dans un chapitre précédent, nous avons établi une spéculation qui pourra sans doute paraître originale mais dont toutefois les résultats calculés avec toute l'approximation possible prouvent la valeur. Du reste cette idée d'une culture exclusivement fourragère n'est pas neuve, elle a déjà été mise en pratique par M. Moreul sur une ferme située dans la Mayenne.

L'assolement était le suivant :

9 *hectares de luzerne.*
8 *hectares de maïs,* 1 *hectare de choux.*
6 *hectares de prairies naturelles.*

Le maïs six fois sur lui-même produisait 80,000 *kilos. J'ignore quels étaient les résultats financiers de cette entreprise, mais certainement ils étaient supérieurs à ceux qu'aurait donnés la culture du blé sur ces terres de la Mayenne dont la fertilité est médiocre.*

Le Domaine de Charny

(SOMME)

GÉNÉRALITÉS

SUR LE DÉPARTEMENT DE LA SOMME

Le département de la Somme a pris son nom du fleuve qui le traverse de l'est à l'oüest. Il fut formé en 1790 d'une grande partie de l'ancienne province de Picardie et de l'Artois pour 15,500 hectares seulement. Amiens, son chef-lieu, est à 131 kilomètres de Paris. Sa superficie est de 627,600 hectares.

Le département de la Somme fait partie de la zone où règne le climat séquanien ou parisien, dont le caractère général est d'être modéré, sans grands froids, sans chaleurs extrêmes, mais en même temps humide et changeant.

La température moyenne est de 9°,4, c'est-à-dire inférieure de 1°,2 à celle de Paris. On y compte année commune 175 jours de pluie, 66 jours de gelée, 25 jours de neige et 25 jours d'orage.

La hauteur de l'eau tombée en une année varie de 0^m,80 à 0^m,85.

La population s'élève, d'après le recensement de 1901, à 587,848 habitants. A ce point de vue c'est le dix-septième département. La population spécifique est de 86 habitants par kilomètre carré ; c'est sous ce rapport le quatorzième département français. Le département de la Somme a perdu, depuis 1866, 34,792 habitants. La population ouvrière se dirige surtout sur les villes et les grandes industries, aussi cette moyenne est loin de traduire la dépopulation des campagnes.

AGRICULTURE. — Sur les 627,600 hectares du département on compte :

Terres labourables	476.777
Prés et herbages.	27.859
Bois	39.449
Landes, pâtis ou autres terres incultes. .	12.348
Cultures diverses.	288

En 1901, on comptait dans le département :

77.075 chevaux.
364 mulets.
3.075 ânes.
183.122 animaux de l'espèce bovine.
357.658 moutons.
91.363 porcs.
14.810 chèvres.

La Somme est un des 64 départements les mieux cultivés de France. Plus on se rapproche du Pas-de-Calais, principalement de l'arrondissement d'Arras, du Nord et de l'Aisne, plus la culture est perfectionnée.

La culture de la betterave à sucre a pris un grand développement ; c'est la culture principale du Santerre et de tout l'arrondissement de Péronne.

Dans le département entier on cultive les céréales, des fourrages, des plantes oléagineuses, principalement l'œillette.

Au sud de l'embouchure de la Somme, on récolte en grande quantité des pommes de terre qui sont l'objet d'un important commerce d'exportation.

En 1901, le département de la Somme a produit :

2.581.600	hectolitres	de blé.
142.900	—	de méteil.
321.420	—	de seigle.
316.730	—	d'orge.
8.230	—	de sarrasin.
1.161.080	—	d'avoine.
1.677.390	—	de pommes de terre.
3.841.520	—	de betteraves fourragères.
457.653	—	de trèfle.
881.655	—	de luzerne.
922.152	—	de sainfoin.
1.364.774	—	de foin.
4.710	—	de colza.

16.880 hectolitres d'œillettes.
12.320 — de lin.
10.060.940 — de betteraves à sucre.

GÉOLOGIE. — La géologie du département de la Somme est extrêmement uniforme. On rencontre dans toute l'étendue du département les assises cénomaniennes du crétacé supérieur, constituées par un calcaire presque pur que recouvrent généralement des dépôts quaternaires.

Cette assise géologique est intéressante, non seulement à cause de l'amendement qu'elle met à la portée du cultivateur, mais surtout en ce qu'elle fournit à l'agriculture un des éléments les plus importants pour la végétation des plantes et que le sol possède en moins grande proportion l'acide phosphorique.

Les phosphates de la Somme, exploités sur une vaste échelle, doivent leur réputation autant à leur richesse en phosphore qu'à la facilité de leur extraction; on les trouve à deux états, d'abord les sables phosphatés qui sont les plus riches et les plus facilement exploitables. La craie phosphatée, située à une profondeur plus grande, demande plus de main-d'œuvre, quelquefois même on la lave pour l'enrichir. De l'importance de ces gisements et de l'extension qu'a prise leur exploitation, il résulte que l'agriculteur trouve l'acide phosphorique à un très bas prix qui varie entre 0 fr. 90 à 1 franc les 100 kilos.

Les assises calcaires ne forment en général que le sous-sol; rarement elles laissent à nu leur sol stérile.

Si nous descendons dans les vallées de la Somme, de la Bresle et de leurs affluents, nous traversons des dépôts modernes qui donnent naissance à des prairies irriguées, mais constituent surtout des marais et des tourbières; ces dernières, d'une grande importance, sont exploitées comme combustible mais pourraient rendre à l'agriculture de bien plus grands services soit comme litières soit comme amendements.

Les coteaux qui entourent ces vallées sont peu fertiles; le limon des plateaux, désagrégé par les agents atmosphériques, a descendu ces pentes pour se mélanger aux dépôts nouveaux, laissant un sous-sol aride exposé aux rigueurs du sol en été et au ravinement des eaux pluviales en hiver. Ces terres, peu cultivées, sont généralement abandonnées aux bois ou forment des frisches où les moutons viennent paître une herbe sèche et rare mais savoureuse.

Si nous envisageons successivement les couches géologiques qui forment le département nous remarquerons qu'elles concourent toutes à apporter aux plantes les principes qui lui sont le plus nécessaire. Le limon des plateaux, très fertile, donne son azote et les autres éléments; l'argile à silex apporte sa potasse et l'assise cénomanienne son calcaire tendre et facilement délitable.

DOMAINE DE CHARNY

SITUATION. — Le village de Charny est situé à 46 kilomètres de la mer sur un des plateaux qui encaissent la rivière de la Bresle et ne sont que le commencement des vastes plaines qui s'étendent du nord de la France jusqu'en Allemagne en traversant la Belgique.

Les villages sont réunis, groupés près des puits et paraissent au milieu de la plaine, vaste et nue en hiver, comme des points plus sombres laissant paraître à travers les fûts décharnés des arbres ou les trouées des haies, la teinte gris-plombé d'un toit d'ardoises. L'été ces villages sont, au milieu de la nuance d'or des moissons, des îlots de verdure sombre qui semblent appeler à eux la fraîcheur et l'ombre. Sans avoir la beauté sauvage d'un coin de montagne, ces paysages uniformes où les plaines s'étendent au loin ont la poésie du travail ; la vie semble s'en dégager et sortir du sein de la terre avec les moissons riches et fortes.

GÉOLOGIE. — La géologie de cette contrée n'est que l'image de celle du département tout entier. Nous trouvons le limon des plateaux qui constitue un sol excellent. Sa composition moyenne le rapproche des terres franches. Dans cette partie de la Somme son épaisseur moyenne permet aux racines des plantes de se développer vigoureusement en profondeur, son épaisseur moyenne varie entre $0^m,30$ et $0^m,50$, l'argile que l'on trouve au-dessous n'a jamais été remuée, c'est une terre vierge, elle est surtout riche en potasse mais malheureusement cet élément qu'elle pourrait fournir aux plantes est peu assimilable. L'action des agents atmosphériques n'ayant pu se produire ; aussi serait-il utile de ramener petit à petit par des labeurs de défoncement de faibles épaisseurs de cet argile qui, sans avoir la ténacité et la cohésion de l'argile plastique, demande cependant un certain temps de culture pour devenir fertile.

La craie que l'on trouve au-dessous de l'argile est à une profondeur variable de 10 à 15 mètres ; elle forme de nombreuses poches que sont venus boucher les dépôts quaternaires. Sa pureté est très grande, elle donne une excellente chaux et se délite facilement sous l'action des eaux, gels et dégels.

HYDROGRAPHIE. — Ces trois couches géologiques forment un ensemble extrêmement favorable au régime des eaux relativement au sol. La couche supérieure assez perméable retient une quantité suffisante d'eau pour pourvoir aux besoins de la jeune plante alors que l'évaporation n'est pas encore assez énergique pour ramener par capillarité l'eau du sous-sol à la surface.

L'argile à silex perméable en petit en emmagasine, elle aussi, de grandes quantités tout en assurant, contrairement à l'argile plastique, un écoulement aux eaux surabondantes en hiver, agissant ainsi comme un véritable drainage dont le dépotoir naturel serait la couche de craie. C'est grâce à cette perméabilité de l'argile que nos terres, sans être submergées en hiver conservent, pendant les chaleurs de l'été, une fraîcheur suffisante, ce qui permet aux cultivateurs de donner tous les jours une extension plus grande aux pâturages et aux cultures fourragères.

Si nous sommes favorisés au point de vue de l'humidité que les couches géologiques donnent au sol, il est loin d'en être de même au point de vue des sources.

Eloignés de 8 kilomètres de la Bresle, nous sommes obligés, pour obtenir de l'eau potable, de creuser des puits à de très grandes profondeurs, quelquefois 40 mètres et plus. L'eau que l'on obtient est très calcaire mais très saine ; pour les animaux on recueille soigneusement, dans des mares, les eaux de ruissellement et dans des citernes les eaux des toits. C'est à ce régime que l'on doit l'établissement des villages groupés autour de ces puits et de ces mares et l'abondance de la verdure, des haies et des arbres qui arrêtent dans une grande proportion l'évaporation.

ALTITUDE. — La région que nous occupons forme un vaste plateau peu accidenté ; l'altitude moyenne est peu élevée, elle dépasse rarement 150 à 200 mètres.

MOYENS DE COMMUNICATION. — Charny se trouve à peu de distance de la bifurcation des routes d'Amiens à Rouen et de Paris au Tréport. Des chemins vicinaux, en très bon état, facilitent les communications entre villages et des chemins verts assurent l'accès facile de nos terres.

Malheureusement nous sommes assez éloignés des lignes de chemin de fer ; la distance qui nous sépare des deux lignes d'Amiens à Rouen et de Paris Tréport est de 8 kilomètres.

Un chemin de fer à voie étroite relie Aumale sur la ligne de Paris au Tréport à Amiens ; mais, s'il peut rendre des services pour les voyageurs, il est loin d'en être de même pour le transport des animaux et des marchandises ; car la main-d'œuvre pour le changement de wagon augmente dans de grandes proportions le prix du transport.

DÉBOUCHÉS. — Les foires et les marchés sont nombreux dans les environs ; ils se tiennent le samedi à Aumale où on trouve l'écoulement du blé, du beurre mais surtout des œufs. Tous les mois on y trouve un marché important de vaches. Chaque année, à la Saint-Martin, il y a une grande foire aux poulains ; ce sont des laiterons qui viennent du Perche, mais surtout du Boulonnais où les marchands vont les chercher à l'âge de six ou dix-huit mois.

Le mercredi, à Formerie, se tient un des plus importants marchés aux porcs de la région. A Forges et à Gournay on trouve chaque mois une grande quantité des excellentes bêtes normandes qui peuplent le pays de Bray.

Si les marchés qui assurent aux animaux un écoulement facile sont nombreux, les industries agricoles sont rares. C'est de cela surtout que l'agriculture souffre. Le sol fertile que nous possédons se prêterait admirablement à la culture de la betterave, mais on ne trouve pas de sucrerie ou de distillerie dans un rayon d'au moins 20 kilomètres.

SYSTÈMES DE CULTURE

La production culturale du pays n'est que le résultat de cette situation économique, on ne trouve que le blé, l'avoine et les fourrages ; ces derniers prennent tous les jours une importance plus grande et le nombre des animaux de rente augmente constamment.

L'assolement qui est généralement suivi est le suivant :

1re année. Betteraves et fourrages verts ou jachère.
2e » Blé.
3e » Avoine.
Luzerne hors sole.

Je ne m'arrêterai pas à faire la discussion de cet assolement, ses défauts sont trop connus. La jachère tend à diminuer de plus en plus ; mais quelquefois on est obligé de la rétablir pour nettoyer la terre, car les plantes sarclées n'occupent jamais toute la première sole. La luzernière hors sole dure de 4 à 5 ans ; on n'a pas intérêt à la conserver plus longtemps car ses produits diminuent rapidement. Les engrais chimiques sont inconnus, « seul le fumier de ferme est employé et il est mal fait. »

Malgré cette culture plutôt imparfaite les rendements sont assez élevés, on obtient année commune :

40 à 50,000 kilos. de betteraves.
30 à 35 hectol. de blé.
8 à 10,000 kilos de foin sec, de luzerne dans les terres chaulées.

ANALYSE DES TERRES DU DOMAINE

Nous avons vu quelle était la composition géologique du sol et nous en avons déduit qu'elle était très favorable à la végétation. Il nous reste à connaître la proportion des éléments fertilisants que le sol renferme, à compléter la description géologique par l'analyse physique et chimique.

Composition du sol jusqu'à 0^m,20.

Proportion de cailloux 0/0 de terre totale sèche		1

Analyse physique.

Humus 0/0 de terre fine sèche		3,60
Calcaire 0/0	—	2,50
Matière argileuse 0/0	—	18,80
Sable siliceux 0/0	—	75,10

Analyse chimique.

Azote 0/0	de terre totale sèche	1,50
Acide phosphorique 0/0	—	1,11
Potasse 0/0	—	1,53
Chau 0/0	—	14,00

Composition du sous-sol jusqu'à 0^m,40.

Proportion de cailloux 0/0 de terre sèche		0,00

Analyse physique.

Humus 0/0	de terre fine sèche	2,90
Calcaire 0/0	—	1
Matière argileuse 0/0	—	23,60
Sable siliceux 0/0	—	72,50

Analyse chimique.

Azote 0/0	de terre totale sèche	1,05
Acide phosphorique 0/0	—	1,12
Potasse 0/0	—	2,03
Chaux 0/0	—	5,60

Composition du sol des herbages.

Proportion de cailloux 0/0 de terre totale sèche		0,00
Azote organique 0/0	—	1,82

Azote nitrique 0/0	de terre totale sèche.	0,002
Acide phosphorique 0/0	—	1,38
Potasse 0/0	—	2,04
Chaux 0/0	—	8,40

D'après l'analyse physique nous pouvons classer notre terre dans la catégorie des sols argilo-siliceux bien que sa composition la rapproche beaucoup de celle des terres franches.

Argile 10 à 20 0/0.

Silice 50 à 60 0/0.

L'argile est en plus grande porportion dans le sous-sol à $0^m,40$ que dans le sol. Par les labours de défoncement que nous donnerons à chaque rotation d'assolement, nous ramènerons à la surface une certaine quantité de cette substance qui augmentera la fraîcheur du sol sans toutefois le rendre trop compact. Avec l'argile nous apporterons à la surface du sol de la potasse qui est en assez grande quantité dans le sous-sol.

Le calcaire est en faible proportion aussi bien dans la couche inférieure que dans la couche supérieure du sol ; ce fait tient surtout à ce que depuis longtemps déjà on n'a pas fait de marnages.

Le sol est très riche en azote, la dose de 1,50 le classe parmi les meilleures terres, mais dans le sous-sol la quantité quoique bien suffisante est beaucoup moindre. Aussi est-ce avec une grande prudence que nous devons procéder aux labours profonds ; car, si d'un côté, ils ont l'avantage de nous donner plus d'argile et partant plus de potasse, notre sol s'appauvrit en azote. Nous ne procéderons donc à ces labours que progressivement en retournant à chaque période d'assolement une faible épaisseur de sous-sol que nous améliorerons peu à peu pendant plusieurs années, autant pour l'enrichir que pour la bien mélanger au sol cultivé.

L'acide phosphorique relativement à l'azote est en faible proportion, ce fait tient à ce que jamais on n'a apporté d'engrais chimiques phosphorés au sol pour compenser les pertes de cet élément occasionnées par l'exportation des grains. Nous ajouterons à l'étable des phosphates naturels au fumier ; ce procédé est celui qui nous donne l'acide phosphorique au plus bas prix et à un degré d'assimilabilité suffisant. Ces phosphates de la Somme dosant 16 à 18 0/0 valent 0 fr. 90 les 100 kilos.

La potasse elle aussi est en faible proportion ou moins dans le sol, ce qui s'explique comme précédemment par les exportation des grains et les fumures au fumier de ferme.

Cependant malgré la faible quantité de potasse que nous trouvons, les engrais qui fournissent cet élément restent toujours sans effet, ne se signalent par aucune augmentation de rendement. L'année dernière nous avons fait sur 2 hectares de trèfle un essai comparatif. un hectare avait reçu 300 kilos de superphosphate et 400 kilos de plâtre, l'autre partie avait reçu la même fumure plus 100 kilos de chlorure de potassium ; dans les deux parcelles nous avons eu le même rendement.

Ce fait nous indique que la potasse est en grande partie à un état très assimilable et que si par un assolement approprié, comme nous le verrons plus loin, nous n'exportons que de très faibles quantités de cet élément nous n'aurons pas à nous occuper d'en donner au sol des proportions plus élevées.

Cette manière de voir se justifie du reste si nous comparons le dosage de la potasse dans les terres et dans les herbage. Dans les premières nous avons 1,53 0/00, dans les secondes 2,04 0/00 et cependant alors que la terre emblavée recevait une fumure de 60,000 à 65,000 kilos les herbages ne recevaient rien ; mais ces derniers nourrissaient des animaux qui leur rendaient cet élément tandis que les terres emblavées pour continuer à fournir des céréales demanderaient certainement des engrais.

CHOIX D'UNE SPÉCULATION

Etant donné la nature du sol qui nous permet de faire indistinctement la culture du blé, des fourrages et les circonstances économiques qui nous interdisent la culture de la betterave sucrière et l'utilisation des pulpes aussi bien que la culture des autres plantes industrielles, nous allons essayer en nous appuyant sur quelques chiffres de rechercher quelle est la spéculation qui pourra nous donner au point de vue financier les meilleurs résultats.

Le problème qui se pose devant nous est donc celui-ci. Avons-nous avantage à cultiver le sol, tel qu'on le fait dans la région, c'est-à-dire à alterner les céréales et les fourrages légumineuses, ou à nous livrer exclusivement à la culture des fourrages de haut rendement pour les vendre à un prix rémunérateur aux animaux ?

Dans le premier cas la céréale est la base de l'assolement, les fourrages ne sont cultivés que pour apporter au sol l'azote que le grain exporte. Pour établir un équilibre entre les pertes et les gains en azote, les seules plantes fourragères que l'on puisse admettre sont les légumineuses, trèfle, luzerne, sainfoin dont le rendement est relativement faible puisque, nous l'avons dit plus haut, dans nos régions où l'arrosage est impossible les luzernes dépassent rarement 8 à 10,000 kilos de foin sec. Dans le second cas au contraire les exportations sont peu considérables, la masse des fourrages donne une grande quantité de fumier qui nous permet de donner à des plantes fourragères à végétation puissante des fumures très fortes ; nous n'avons pas à craindre la verse. C'est alors que sont à leur place les betteraves fourragères, les maïs fourrages, les choux, les ray-grass dont les produits peuvent atteindre 80,000 kilos de poids vert, soit une valeur de 18 à 20,000 kilos de fourrage sec à l'hectare ; tandis que dans le premier cas nous devons nous contenter de 8 à 10,000 kilos de fourrage. C'est l'agriculture intensive poussée à son plus haut degré ; n'ayant pas à craindre la verse des blés, nous pouvons saturer le sol d'engrais, l'amener à sa plus grande fécondité.

Nous arrivons alors à entretenir deux têtes de gros bétail à l'hectare, tandis que par le premier procédé de culture nous entretenons à peine une tête de gros bétail.

Voici comme exemple le compte culture des deux systèmes :

BLÉ		LUZERNE		MAÏS	
Location, impôts. . .	95 fr.	Location, impôts . .	95 fr.	Location, impôts . .	47 fr.
Labours, hersages, etc	40	Hersage	5	Labours, hersages .	40
Fumure, 20,000 kil.	400	400 kilos plâtre. . .	20	30,000 kilos	300
Nitrate, 100 kilos. .	20			200 kilos Az. O^3 Na.	40
Superphosphate, 400 kilos	20	1 chaulage p[r] 4 ans.	50	100 kilos KCL. . . .	20
Semence et frais. .	45	Semence et frais . .	10	Semence et frais. .	45
Echardonnage. . . .	10				
Récolte et rentrée.	40	Récolte et rentrée .	40	Récolte et rentrée. .	60
Battage, emmagasinage	35			Ensilage	20
	505 fr.		220 fr.		572 fr.
25 quintaux à 20 fr.	500 fr.	8,000 kilos foin à 0 fr. 50.	400 fr.	10,000 kilos maïs à 10 francs	1.000 fr.
5,000 kilos à 35 fr. .	175				
	675 fr.				
Bénéfice : 675 — 505 = 170 fr.		Bénéfice : 400 — 220 = 180 fr.		Bénéfice 1.000 — 572 = 428 fr.	

L'avantage reste donc ici incontestablement à la cultture des fourrages de haut rendement avec de fortes fumures surtout si, comme nous l'expliquerons plus loin, nous réduisons au minimum les frais de récolte par l'ensilage.

Mais il ne suffit pas de produire une grande masse de fourrage, il faut encore pour que l'opération puisse se réaliser en bénéfice faire consommer ces aliments par des animaux qui les paient au moins au prix de vente.

Ici se place donc le choix de la spéculation animale. Nous éliminerons tout d'abord l'élevage qui demande des prairies naturelles incompatibles avec notre système de culture et qui du reste exige pour être fait lucrativement que l'exploitation se trouve dans un centre d'élevage réputé. Il nous reste donc à considérer la production du lait et celle de la graisse. Eloignés comme nous le sommes de tout centre important, nous devons renoncer à la vente du lait en nature. Seule une laiterie qui se trouve à proximité et qui fait des pâtes à fromages pour M. Gervais prend le lait à 0 fr. 10. Ce prix beaucoup trop faible nous occasionnerait une perte considérable. La fabrication du beurre n'est pas susceptible de nous donner des résultats meilleurs. Le beurre en effet, vendu dans les conditions ordinaires, ne peut guère payer le lait plus de 0 fr. 11 à 0 fr. 13. Il nous reste la production de la graisse.

Soit une vache laitière donnant 3,000 litres de lait par an plus un veau, et un bœuf d'engrais faisant 1 kilos de poids vif par jour, nous avons :

Vache laitière

3,000 litres de lait à 0 fr. 12		360 fr.
Un veau		30
		390 fr.
365 rations à 1 fr. 16, savoir :	30 kilos betteraves	0 fr. 45
	2 kilos tourteau	0 36
	7 kilos foin	0 35
		1 fr. 16

Pour 365 jours 1.16 × 365 = 423 fr.
Perte 423 — 390 = 33 fr.

Bœuf à l'engrais.

1 kilo de poids vif à 0 fr. 90 pendant 90 jours	81 fr.
Différence de 0 fr. 05 entre la viande maigre et la viande grasse sur 500 kilos	25
	106 fr.
90 rations à 1 fr. 16	104 fr. 40
Soit bénéfice pour un an, 2.40 × 6 =	14 40

Dans les calculs ci-dessus nous faisons abstraction du fumier qui est produit en quantité à peu près égale par les bœufs et les vaches ; mais pour ces dernières les frais sont bien plus considérables et le fumier moins riche. Aux frais de distribution de nourriture viennent s'ajouter les frais de traite pour le lait.

Dans l'engraissement des bœufs nous trouvons encore un autre avantage, c'est que par cette spéculation nous ne produisons que des hydrates de carbone et de l'oxygène, c'est-à-dire des éléments que les plantes puisent abondamment dans l'air et le sol, des éléments qui ne coûtent que peu de chose et que nous vendons 0 fr. 90 le kilo.

Tandis qu'avec le lait que nous vendons en nature ou avec les veaux que nous élevons avec le petit lait, nous exportons de l'azote en grande quantité ; nous appauvrissons le sol si des engrais étrangers ou des nourritures étrangères à l'exploitation ne viennent s'y opposer.

Le fumier de nos bœufs sera donc plus riche en azote que ne le serait celui des bêtes laitières.

LES BATIMENTS

Il est couramment admis que les bâtiments, aussi pratiques et aussi importants soient-ils, n'augmentent pas plus la valeur locative d'un domaine que la valeur foncière.

Partant donc de ce principe que tout capital placé en construction ne rapporte que par le côté pratique des aménagements réalisés et par l'économie que cet aménagement peut amener dans la main-d'œuvre, nous nous efforcerons dans les modifications que nous allons exposer et les constructions neuves que nous élèverons de réaliser le maximum d'effet utile tout en engageant le minimum de capital.

Les perfectionnements qu'on a fait subir aux constructions agricoles dans ces dernières années nous permettront du reste d'arriver facilement à ce double résultat.

Les bâtiments de la ferme sont assez anciens, ils sont tous couverts en ardoises.

Nous allons passer rapidement en revue les bâtiments servant actuellement à l'exploitation du domaine.

Par suite de l'extension considérable que doit prendre la spéculation des bêtes à cornes, nous serons dans l'obligation de démolir la vacherie actuelle qui est du système longitudinal double surmontée d'un grenier à foin.

Les granges feront également place à des silos couverts qui serviront à conserver les fourrages verts et en même temps à emmagasiner les litières, les tourteaux, et même à abriter les instruments aratoires.

BOUVERIE. — C'est le bâtiment le plus important de l'exploitation destiné à abriter 160 à 180 bêtes ; elle devra tendre par des dispositions particulières à réduire la main-d'œuvre pour la distribution des rations à son minimum et assurer aux bœufs à l'engrais un repos absolu.

C'est pour arriver à ce double but que nous avons choisi la disposition longitudinale double avec couloir d'alimentation central et l'établissement des fosses pour la fabrication du fumier sous les pieds des animaux.

Le bâtiment peu élevé divisé en deux parties pouvant loger chacune de 80 à 90 bêtes ; il ne comporte pas de grenier, mais le nombre des animaux est suffisant pour entretenir toujours une chaleur normale. La largeur est de 11 mètres sous œuvre, 2 mètres pour le couloir central, 3 mètres pour chaque rangée d'animaux et $1^{m},50$ pour les deux couloirs derrière les animaux.

La profondeur des fosses est de 1 mètre et la largeur donnée à chaque animal $1^{m},30$. Ainsi donc à mesure que l'engraissement du bœuf approche de sa fin, celui-ci s'élève peu à peu tassant sous lui la litière qui devient très homogène, de plus l'urine qui l'imprègne et la traverse sans cesse produit à l'intérieur de cette masse où l'air ne pénètre pas, des fermentations qui sont extrêmement avantageuses. A la fin de l'engraissement la surface de la litière a dépassé de $0^{m},30$ à $0^{m},50$ celle du sol, de telle sorte que l'animal a fabriqué $5^{m},50$ à 6 mètres cubes d'un excellent fumier qui peut atteindre 900 kilos.

Les crèches sont mobiles, elles s'élèvent aussi à mesure que la litière devient plus épaisse. Ces crèches sont en bois formées de trois planches assemblées et rendues imperméables ; elles sont toujours à $0^{m},50$ au-dessus de la litière, de manière à former un barrage qui empêchera les bœufs d'envahir le couloir central. Ce système a l'avantage de supprimer les cloisons hollandaises formées de planches et de barreaux où les animaux se prennent sans cesse les cornes.

Au fond des fosses se trouvent des rigoles destinées à recueillir l'urine des animaux aux premiers jours de l'engraissement, alors que le peu de litière existant laisse couler beaucoup de purin. Ces rigoles amènent les liquides recueillis à un drain central qui, lui-même, les déverse dans une citerne.

Le couloir central porte une voie Decauville de $0^{m},60$ sur laquelle roule une plate-forme où sont déposées les boîtes contenant les rations pour deux animaux.

Le bâtiment en lui-même, bien que d'après la description que nous venons d'en faire paraisse très compliquée, sera très simple, il est constitué par un hangar économique couvert en tuiles et dont les côtés sont clos par des murs ; seules les fosses sont pavées et garnies de petits murs.

Nous avons choisi comme couverture la tuile parce qu'elle est moins bonne conductrice de la chaleur que l'ardoise.

La hauteur totale sera de 6 mètres dont 3 mètres pour la couverture, ce qui lui donnera une pente de 30 degrés.

Au centre de la bouverie se trouve un vaste réservoir en tôle de

5 mètres cubes où on emmagasinera dans la soirée l'eau pour la nuit ; elle aura aussi le temps de s'échauffer et d'arriver à la température de l'étable.

A l'extrémité de la bouverie se trouve la citerne au purin très vaste, car elle devra recevoir une partie des eaux d'égout qui, mélangés à l'urine, sont répandues sur les prairies fauchées.

Bâtiment aux rations. — Ce bâtiment très vaste existe déjà, les murs sont en torchis, mais très solides ; il est surmonté d'un grenier planchéié où seront déposés les tourteaux et la mélasse pour les animaux.

En bas un moteur à pétrole par l'intermédiaire d'un arbre horizontal met en mouvement un brise-tourteaux et un concasseur aplatisseur de grains, une scie et divers autres instruments.

Ce bâtiment qui fait suite à la bouverie communique avec elle par la voie Decauville.

Les silos. — Ne sont pas moins importants que la bouverie, de leur bon aménagement dépend en partie le succès de la spéculation. Ils sont en maçonnerie, leur forme est celle d'un trapèze dont la petite base serait en bas ; ils ont 3 mètres de profondeur, 5 mètres de grande base et 4 de petite base. Cette forme est très favorable à la pression contre les parois qui empêche tout vide de se produire entre celles-ci et le fourrage, les angles et les arêtes sont arrondis.

Pour donner à la masse la pression suffisante, nous nous servirons des appareils à vis, dont le prix est peu élevé et qui donnent de bons résultats.

Les silos seront très allongés et parallèles à la bouverie. La construction de la couverture nous coûtera seulement la main-d'œuvre, les bois et les ardoises provenant de la démolition des anciennes granges et de l'ancienne vacherie devenues inutiles.

La pente des silos dirigée d'avant en arrière permettra aux liquides de s'écouler.

Une voie Decauville traversera chaque silo et par une rampe faible atteindra la bouverie.

Ecurie. — L'écurie est un bâtiment plus neuf que les autres, construit entièrement en briques et surmonté d'un grenier planchéié qui sert à loger les grains, blé et avoine, mais que nous partagerons en deux parties, une pour le foin et l'autre pour l'avoine et les autres grains que nous donnerons aux chevaux.

Ce bâtiment qui avait été construit pour servir de bergerie a été transformé ; la hauteur atteint 3m,50. Les chevaux sont disposés longitudinalement sur un rang ; ils sont séparés les uns des autres par des bat-flancs mobiles maintenus par des sauterelles. Les auges sont en bois.

Nous supprimerons les rateliers. Les lits des charretiers sont situés à une extrémité, ce qui rend la surveillance facile.

Les harnais sont accrochés derrière les animaux à des porte-harnais. Le sol est pavé, la pente est de 1 centimètre par mètre. Une rigole conduit le purin par l'intermédiaire d'un canal souterrain à la citerne de la bouverie.

Bâtiments divers. — Les autres bâtiments sont peu nombreux ; ce sont : une petite vacherie pour deux ou trois bêtes, une porcherie pouvant loger cinq ou six porcs d'engraissement et une écurie pour abriter des poulains quand le mauvais temps ne permettra pas de les laisser dehors. Cette écurie est formée de six boxes et communiquant directement avec les herbages. Ils peuvent loger douze animaux deux par deux.

On trouve à l'extrémité de cette écurie un bâtiment servant tout à la fois de forge et de menuiserie : il comprend une division fermée à clef où sont rangés tous les instruments.

MAIN-D'ŒUVRE

La main-d'œuvre en agriculture est un des facteurs les plus importants pour la réussite de toute entreprise. Je parle de la main-d'œuvre considérée au double point de vue de son prix de revient et de la valeur de l'ouvrier, c'est-à-dire de ses qualités morales et intellectuelles. L'ouvrier des villes, des manufactures, n'est qu'une machine humaine si je puis m'exprimer ainsi, il a un travail déterminé à accomplir, ce travail toujours uniforme ne demande d'exercice d'aucune faculté intellectuelle; il ne met en mouvement que les forces physiques ; il est facile à constater, à évaluer est souvent facile à accomplir. Le meilleur ouvrier sera donc pour l'industriel, celui qui lui offrira ce travail au plus bas prix. Pour l'agriculteur, les conditions sont diamétralement opposées ; l'ouvrier n'est plus un individu qui doit produire telle ou telle somme de travail, pour tel prix ; c'est un collaborateur, c'est un être intelligent auquel il doit demander de l'initiative, de la douceur et de l'activité. Si c'est le maitre qui dirige, qui organise l'exploitation, répartit les engrais pour les plantes, les nourritures pour les animaux, commande le travail, c'est l'ouvrier qui l'exécute et c'est pour une grande part de l'exécution de ce travail, que dépendent les résultats obtenus. S'il est facile à un homme de provoquer à intervalles réguliers le déclanchement d'une machine qui accomplira seule le travail, il est beaucoup moins commode de tracer un sillon droit, de conduire un semoir, de faire marcher une moissonneuse. Ces travaux demandent plus d'intelligence et une attention plus soutenue. L'ouvrier agricole a en main des instruments beaucoup plus délicats que celui des manufactures. Ces instruments sont les moissonneuses, les faucheuses et les animaux ; ils se détériorent facilement, surtout les animaux, quand ce sont, comme dans notre exploitation, des jeunes chevaux qui sont appelés à représenter une certaine valeur ; il lui faudra donc une douceur plus grande. Ces travaux enfin sont souvent difficiles à apprécier avec exactitude, il en est beaucoup qui ne peuvent être entrepris à forfait, de plus, la surveillance moins facile que pour les ouvriers des villes, réunis à un chantier ou dans des salles, doit être compensée de sa part par une activité plus grande.

Si à ces qualités qui sont nécessaires à l'ouvrier des campagnes, nous ajoutons l'émigration en masse des prolétaires vers les grands centres, nous comprendrons mieux ce cri que les cultivateurs jettent à tous les échos : « La plaie de l'agriculture, c'est la main-d'œuvre. »

Ce qu'il faut pour retenir l'ouvrier à la campagne, pour lui donner le goût des travaux des champs, lui faire acquérir les qualités que nous venons d'énumérer, c'est faire de ce prolétaire un propriétaire, par l'acquisition par annuités d'une maison et d'un jardin où il pourra fixer sa vie trop souvent nomade, trouver un foyer pour établir et élever sa famille, une maison qu'il aura acquise par son travail et où il viendra se reposer de son rude labeur.

Constituer à l'ouvrier une famille en lui donnant un foyer voilà, n'est-il pas vrai, le seul moyen d'enrayer le mouvement révolutionnaire et socialiste qui se propage avec une rapidité effrayante parmi la population ouvrière des campagnes.

Aujourd'hui la loi nous permet de rendre inaliénables ces maisons ouvrières en les déclarant comme biens de famille.

Les maisons que nous offrirons à nos ouvriers seront construites très économiquement, elles comprendront une cuisine, une cave, trois chambres, un cellier et un petit jardin de quelques ares.

Leur prix de revient ne dépassera guère 2,000 à 2,500 francs et il pourra être soldé en dix ans.

Nous commencerons d'abord par louer pour un an ou deux aux ouvriers ces maisons et si ceux-ci par leurs qualités et leur travail sont susceptibles de remplir dans la terme le service qu'on attend d'eux, nous passerons un contrat d'acquisition avec paiement par annuités dont le nombre sera déterminé par l'acquéreur, mais ne pourra jamais dépasser dix. Nous arriverons ainsi à nous entourer de familles honnêtes et travailleuses ayant avant tout intérêt à bien servir le propriétaire qui les occupe.

Les maris, loués à l'année, rempliront les places de charretiers, bouviers, etc.

Les femmes, employés à la journée, aideront à la coupe et à la rentrée des récoltes.

Dans cette entreprise nous ne cherchons pas à réaliser un bénéfice, notre seul but est d'arriver à fixer l'ouvrier à l'exploitation, à lui donner, comme nous le disions plus haut, l'amour de son métier, à lui faire considérer le propriétaire plus comme un homme aimant ses employés que comme un patron.

Mais si les résultats de cette opération ne se résument pas par un bénéfice en argent palpable, les avantages que nous pensons en retirer n'en seront pas moins considérables. Ce sera un soin plus grand apporté dans l'exécution des travaux et une plus grande activité.

Nous employons dans la ferme 3 charretiers : ce nombre peut paraître excessif pour une exploitation de 75 hectares; mais si nous réfléchissons à l'importance des transports que nous aurons à faire, tant pour rentrer les récoltes en vert que pour transporter chaque année de grandes quantités de fumier, ce nombre ne nous paraîtra pas excessif.

Le 1er	charretier	reçoit	500 fr.
Le 2e	—	—	450 fr.
Le 3e	—	—	450 fr.

Ils sont nourris à la ferme et un des trois doit toujours coucher dans les écuries ; ils reçoivent en outre 10 francs chacun par cheval vendu.

Si nous estimons la nourriture d'un homme à 1 franc par jour, nous arrivons aux prix suivants :

Premier charretier. . . .	500 + 365 =	865 fr.
Deuxième —	450 + 365 =	815 fr.
Troisième —	450 + 365 =	815 fr.
Soit pour la main-d'œuvre des 3 charretiers. .		2,495 fr.

Les charretiers se lèvent du 1er mai au 30 septembre à 4 h. 1/2 du matin, font le pansage, déjeunent à 5 h. 1/2 et partent à 6 heures, ils quittent les champs à 11 heures, repartent à 2 heures pour revenir le soir à 7 heures. Nous avons donc 10 heures de travail aux champs, ce qui nous fait revenir l'heure du travail à

$$\frac{865}{10 \times 365} = 0 \text{ fr. } 23.$$

Un bouvier et son aide qui gagnent :

Le premier.	600 fr.
Le second	450 fr.

Comme les charretiers, le bouvier et son aide seront nourris ; ils recevront à titre d'encouragement 0 fr. 25 par animal qui aura atteint dans la période d'engraissement 1 kilo d'augmentation moyenne par jour-

Nous avons encore à l'année un homme et une fille de cour pour faire les divers autres travaux ; ils reçoivent :

L'homme.	350 fr.
La femme.	300 fr.

Nous avons donc pour les divers employés de la ferme loués à l'année, une dépense fixe de :

3 charretiers.	1,400 fr.
1 bouvier et son aide.	1,050 fr.
1 homme de cour.	350 fr.
1 femme de cour.	300 fr.
	3,100 fr.

	3,100 fr.
A. ajouter la nourriture de 7 personnes à 365 francs. . .	2,555 fr.
	5,655 fr.

En plus des 7 personnes occupées dans la ferme d'une façon permanente nous aurons souvent besoin d'autres ouvriers pour charger le fumier et l'épandre, au moment des récoltes, des fourrages, pour procéder à l'ensilage, pour biner les betteraves, etc., etc...

Nous emploierons alors des journaliers hommes et femmes que l'on trouve facilement dans le pays et dans les communes voisines. Ces ouvriers arrivent le matin à 6 heures en été, 7 heures en hiver, et ils partent à 7 heures du soir en hiver et 7 h. 1/2 en été. Leur journée, si nous en déduisons le repas de midi est de 11 heures en été, comme en hiver ils ne prennent pas le repas de midi, on leur fournit généralement surtout l'été 2 à 3 litres de cidre. Les prix de la journée de travail sont les suivants :

		Eté.	Hiver.
Non nourris.	Hommes	3 fr.	2 fr. 50.
	Femmes	2 fr.	1 fr. 50.
Nourris	Hommes	2 fr.	1 fr. 50.

Pendant les mois de juin et d'août la main-d'œuvre est plus rare, car tous les couples se louent pour faire la fenaison et la moisson dans les fermes, soit au mois, soit à la tâche. Certains travaux comme l'épandage du fumier, la tonte et le travail des haies, le battage des céréales, l'ébranchage des arbres, sont faits en tâche ; les prix courants dans la région sont les suivants :

Epandage du fumier	2 fr. 50	
Tonte des haies	0 fr. 05	le mètre.
Epandage des bouses.	5 fr.	pour la saison d'herbe.
Binages et arrachage des betteraves.	100 fr.	

ASSOLEMENT

L'assolement est l'art de faire alterner les cultures sur le même terrain pour en tirer constamment le plus grand produit aux moindres frais possibles.

On a beaucoup discuté sur les assolements; certains ont vu leur utilité, d'autres ont voulu les combiner d'une manière immuable, en constituer un ensemble de règles, de formules hors desquelles il n'était pas de succès agricole.

Nous n'essaierons pas de prouver avec les théoriciens laquelle de ces deux opinions est la vraie. Nous nous contenterons simplement de remarquer que la succession des plantes dans une culture doit répondre à certaines lois relatives aux engrais, aux exportations, au climat, au sol.

La plus importante de ces lois dans la culture mixte où les céréales et les fourrages légumineuses se partagent le sol, est celle de l'alternat qui fait succéder une plante épuisante, exportatrice d'azote à une plante améliorante qui importe de l'azote.

Dans notre assolement où ne figurent que des fourrages nous n'aurons pas à nous occuper de cette loi puisque aucune de nos cultures n'est épuisante ni améliorante et que c'est le système cultural lui-même qui est améliorant par la grande quantité de principes fertilisants qu'il importe avec les tourteaux et les litières.

Les seules lois qui nous guideront dans l'établissement de notre assolement seront :

La recherche des fourrages à grand rendement par hectare de poids brut et de principes alimentaires.

La présence d'une sole de plantes sarclées empêchant l'envahissement du sol par les mauvaises herbes.

La variété des nourritures pour les animaux permettant de modifier aisément la relation nutritive et le volume de la ration sans introduire une trop grande quantité d'aliments étrangers.

C'est en nous appuyant sur ces données que nous avons établi la succession suivante :

1re Sole.	Betteraves.
2e —	Maïs fourrage.
3e —	Avoine pour grain.
4e Sole.	Ray-grass.
5e —	Ray-grass.

Outre ces diverses soles nous intercalerons des cultures dérobées.

Nous remarquons en effet que la betterave n'occupe le sol que de mai à octobre soit six mois et que le maïs géant que nous récoltons met moins de temps encore pour végéter. Ces cultures dérobées seront le seigle et la vesce de printemps ou d'automne.

Ces plantes non seulement augmentent le rendement en fourrage de la sole mais elles ont encore l'avantage d'être doublement améliorantes : la vesce parce qu'elle prend son azote dans l'air pour une grande partie et le met en circulation, le seigle parce que semé en automne il occupe le sol, l'envahit de ses racines et absorbe les nitrates qui se sont formés ou qui existaient déjà dans la terre et auraient été entraînés dans le sous-sol par les eaux surabondantes de l'hiver.

L'assolement deviendra donc le suivant :

1re Sole { Betteraves récoltées en octobre. Vesce semée en février-mars, récoltée en juin ou semée en octobre.

2e Sole : Maïs, fourrage.

3e Sole : Avoine.

4e Sole : Ray-grass.

5e Sole { Ray-grass défriché commencement d'octobre. Seigle fourrage semé en octobre, récolté avril-mai.

Nous amenons ainsi le sol à son maximum de production. Dès qu'une plante est récoltée on laboure le sol immédiatement pour en semer une autre.

Si cette combinaison est très favorable à la production intensive, n'empêchera-t-elle pas, par la succession rapide des récoltes, les labours et les charrois de fumier de se faire à temps ? Certainement si les fourrages que nous récoltons devaient être fanés, nous ne pourrions faire ainsi succéder immédiatement deux cultures fourragères en une année ; mais il n'en est pas ainsi, à mesure que la machine coupe les plantes elles sont chargées et emportées au silo ; la récolte est donc très rapide. Quant aux labours et façons culturales nos terres nous permettent de les faire presque par tous les temps, du reste il est assez rare qu'aux époques où nous récoltons le seigle fourrage et la vesce, des pluies continuelles arrêtent les travaux d'une manière absolue.

Chacune des plantes que nous venons d'énumérer convient parfaitement au climat et au sol ; l'homogénéité des terres nous permet d'attendre chaque année de chaque sole un rendement à peu près uniforme.

Nous venons de dire que les cultures dérobées ne nous empêchaient pas de donner aux plantes qui les suivent les façons culturales qu'elles réclament.

Il en est de même pour les autres plantes de l'assolement. La betterave arrachée dans les premières semaines d'octobre nous permet de semer le seigle sur un léger labour ou un extirpage profond vers la fin du mois.

Le maïs récolté vers la fin d'octobre fait place à l'avoine semée en février et dans laquelle on répandra la graine de ray-grass.

Enfin la dernière sole est extirpée et dégazonnée après la dernière coupe et reçoit les graines de seigle. Au point de vue de la coordination des plantes cet assolement ne laisse donc rien à désirer.

Les fumures seront distribuées sur les deux premières soles. Nous éviterons ainsi l'enfouissement de grandes masses de fumier à la fois, ce qui entraîne l'immobilisation d'un capital important et des pertes assez notables par suite de la nitrificaction trop active, surtout avec le fumier de tourbe que nous employons et dont les effets sont beaucoup plus rapides que ceux du fumier ordinaire.

CHANGEMENT D'ASSOLEMENT. — L'assolement qui est en vigueur actuellement sur le domaine est le suivant :

Betteraves, fourrages variés, trèfle, pois, minette en jachère.
Blé.
Avoine.
Luzerne.

Chacune de ces quatre soles comprend 15 hectares. La luzerne hors sole dure 4 à 5 ans ; elle fournit l'azote nécessaire pour équilibrer les pertes résultant de l'exportation du blé et d'une partie de l'avoine.

Il nous faut donc de cet assolement dont les ressources en fumure sont relativement peu importantes passer à l'assolement proposé en bouleversant le moins possible la succession des plantes de manière à constituer notre capital engrais sans faire intervenir dans une trop grande proportion les engrais chimiques.

Nous disposons de 70,000 kilos de fumier pour la première sole et de 15 hectares de luzerne de 4 ans dont nous pouvons estimer les déchets laissés dans le sol à 180 kilos d'azote ou 35,000 kilos de fumier de ferme.

Ce changement d'assolement s'opérera de la manière suivante en deux années :

1re Sole : 15 hectares BETTERAVES (jachère	*2e Sole : 15 hectares* BLÉ	*3e Sole : 15 hectares* AVOINE	*Hors-Sole : 15 hect.* LUZERNE	Assolemt en vigueur
Trèfle à enfouir, 12 h. Avoine . . . . . 3 h.	Ray-grass, 12 hect. Avoine . . 3 hect.	Betteraves, 12 hect. Maïs. . . . 3 hect.	Maïs. . . . 9 hect. Avoine . . 5 hect.	1re année
Betteraves sur sidération (1re sole). Ray-grass sur avoine (4e sole).	Ray-grass, 12 hect. (5e sole). Ray-grass, 3 hect. (4e sole).	Maïs, 12 hect. (2e sole). Avoine, 3 hect. (3e sole).	Avoine, 9 hect. (3e sole. Ray-grass, 5 hect. (4e sole).	2e année

Pour la première année la sole de betterave vient après avoine sur fumure de tête d'assolement de 60,000 kilos de fumier et les engrais chimiques employés dans le courant de l'assolement que nous décrivons plus loin.

Le maïs vient sur défriche de luzerne donnant 180 à 200 kilos d'azote, nous y ajouterons 15 hectolitres de chaux pour hâter la décomposition des racines et leur nitrification, 200 kilos de nitrate de soude et 400 kilos de superphosphate. Les 3 hectares qui viennent sur avoine profitent de la fumure des betteraves et de 200 kilos de nitrate.

Le ray-grass semé sur blé recevra 10,000 kilos de fumier bien décomposé en couverture. 500 kilos de guano ou de poudrette dont 300 kilos au départ de la végétation et 100 kilos après chaque coupe et des arrosages au purin.

Le trèfle incarnat semé sur betterave et dans la jachère avec 100 kilos de plâtre est destiné à la sidération et apportera ainsi au capital engrais une quantité d'azote d'environ 150 kilos représentant une fumure de 30,000 kilos de fumier.

Pour la deuxième année la première sole viendra sur sidération de trèfle et recevra en outre 30,000 kilos de fumier, plus 10 hectol. de chaux.

La culture dérobée de vesce que nous intercalerons ensuite et l'importation de tourteaux et de litières augmenteraient rapidement le capital engrais jusqu'à saturation du sol.

La sole d'avoine est quelque peu dispersée ; mais étant moins exigeante en principes fertilisants que les autres plantes, elle peut se passer d'aussi fortes fumures. L'avoine qui vient sur betteraves et celle qui vient sur luzerne reçoivent à peu près la même dose d'engrais, surtout si nous considérons que le fumier de ferme enterré avant le semis des betteraves est plus assimilable que les racines de la luzerne.

L'avoine qui vient sur blé recevra 100 kilos de nitrate au printemps. Toute la sole recevra en outre 400 kilos de superphosphate.

L'azote qui est fourni par la sidération revient à 0 fr. 64. Elle fait entrer dans la circulation 150 kilos de cet élément à 1 fr. 50.

J'aurais donc pour cette sole de trèfle le compte cultural suivant :

Location, impôts	95 fr.	150 kilos d'azote à 1 fr. 50	225 fr.
1 hersage	5	35 kilos d'acide phosphorique à 0 fr. 40	14
Semis 50 kilos, frais de semence	30	100 kilos de potasse à 0 fr. 40	40
400 kilos plâtre cru à 0 fr. 70 et frais d'épandage	5 fr. 50		279 fr.
Fauchage et frais divers	15	BALANCE :	
TOTAL	150 fr. 50	Bénéfice : 279 — 150.50 = 129 fr. 50.	

Prix de l'unité d'azote $\frac{150,5 - (14 + 40)}{150} = 0$ fr. 64.

Labours. — Les labours pour le maïs et l'avoine ne dépasseront généralement pas 0m,20.

Sur la sole de betterave nous exécuterons des labours plus profonds, jusqu'à 0m,35, l'épaisseur moyenne du sol ne permet pas d'atteindre une plus grande profondeur car si à certaines places le limon des plateaux atteint et dépasse 0m,50, en d'autres nous serions exposés à voir apparaître l'argile à silex qui en se mélangeant au sol diminuerait sa fertilité en le rendant plus tenace et plus collant.

Ces labours profonds que nous donnerons à la première sole ne passeront pas brusquement de 0m,20, profondeur moyenne à laquelle on laboure ordinairement, à 0m,35, mais seront exécutés progressivement pendant plusieurs rotations ; nous éviterons de mélanger ainsi à la partie la plus fertile du sol une terre vierge plus pauvre en humus qui n'a pas subi l'influence des agents atmosphériques, et nous réaliserons entre la progression des fumures et l'augmentation de l'épaisseur de terre cultivée, une harmonie qui ne pourra être que favorable à la fertilité du sol. Il ne suffit pas, en effet, de labourer un sol à 0m,30 ou 0m,40 pour que sa fécondité soit augmentée, il faut encore que proportionnellement à la profondeur du labour la fumure augmente. Nous atteindrons donc la profondeur indiquée en deux rotations, c'est-à-dire en dix ans ; mais pour ameublir le sol assez profondément de manière à permettre à la betterave de pivoter, nous ajouterons à la charrue une griffe de 0m,08 qui remuera le sous-sol sans le mélanger à la partie retournée.

Ce labour de tête d'assolement exécuté avec quatre chevaux nous reviendra à environ 40 francs, il enfouira une forte fumure de 60,000 kilos et sera suivi d'un extirpage à 0m,30 pour mélanger ce fumier à la terre et rendre celle-ci plus meuble.

Betterave. — Cette racine cultivée sur 12 hectares tient la tête de l'assolement, elle forme avec le maïs-fourrage la base de la ration de nos animaux, aussi devons-nous la produire en grande abondance et de qualité excellente, c'est-à-dire riche en matière sèche et en sucre.

Pour obtenir ce résultat nous aurons recours à deux procédés, un écartement faible de 0m,45 entre les lignes et de 0m,30 sur les lignes, ce qui nous donnera des betteraves d'un volume plus faible et plus de main-d'œuvre pour l'arrachage, mais la richesse en principes nutritifs et la diminution de transport par suite de la moindre teneur en eau compensent ce désavantage.

La sole de betterave recevra un labour profond à 0m,35 pour enterrer le fumier et un extirpage à 0m,30 pour rendre la terre meuble jusque dans sa profondeur et la mélanger avec l'engrais.

La fumure se composera de : 60,000 kilos de fumier de tourbe donnant 300 kilos d'azote à l'hectare dont 30,000 kilos seront portés au compte betterave, 150 kilos de nitrate de soude répandus à raison de 70 kilos au démariage et 80 au second binage, 100 kilos de chlorure de potassium, cette faible dose s'explique par ce fait que l'argile à silex fournit abondamment cet élément, et que sur nos terres des additions de ce sel ne produisirent pas d'effets.

Les variétés cultivées sont la betterave Kirck, la Blanche à collet vert et la rose du Nord.

La première est une betterave fourragère qui donne des rendements très élevés, mais elle est riche en eau, aussi n'entrera-t-elle que pour un tiers dans le mélange des graines.

Les deux dernières sont des variétés demi-sucrières dont la teneur en sucre est relativement élevée, dont le coefficient digestif est plus fort et la conservation plus facile.

Avec ces variétés et la fumure considérable que nous leur donnons nous pouvons compter sur un rendement moyen de 65,000 kilos à l'hectare.

Les racines à l'arrachage ne seront point décolletées, elles seront rentrées à la ferme, où le collet sera coupé pour être ensilé séparément. En cas de gelée les betteraves seraient elles-mêmes découpées et ensilées.

Ce procédé nous permet de ne pas subir de pertes si nous étions surpris par le froid. On sait en effet que les betteraves gelées, lavées, puis coupées en menus morceaux pour être ensilées avec de la menue paille sont encore très bien acceptées par le bétail.

Maïs. — Le maïs que compose la seconde sole est non moins important que la betterave pour la quantité de principes nutritifs qu'il donne.

Il est semé sur un labour à $0^{m},25$, un hersage et un roulage selon le temps ; le roulage sera fait après ou avant le semis, après si la saison est sèche pour tasser le sol à la surface autour du grain, ce qui le fait profiter de toute l'humidité de la terre et germer plus vite.

Le mouillage ou trempage des graines dépendra aussi de l'état de la saison ; si celle-ci est sèche ou chaude, le trempage dans l'eau additionnée de purin sera utile, mais au contraire si la saison est humide et fraîche le trempage est inutile, il fait sortir trop rapidement de jeunes tiges qui souffrent du mauvais temps.

Le maïs est semé à la volée et enterré à 5 ou 6 centimètres par un hersage énergique, on répand 120 kilos à l'hectare, on obtient ainsi des tiges minces et longues moins dures et les binages sont supprimés.

Le maïs profite de la fumure précédente de la première sole, mais il reçoit en outre 50,000 kilos de fumier dont 30,000 seront portés à son compte, soit 180 kilos d'azote, 200 kilos de nitrate, 100 kilos après la germination et le reste quelques semaines après...

La récolte se fait au moment de la floraison ; les tiges couchées en long dans les voitures sont transportées à la ferme après avoir subi un léger flétrissage au soleil.

La variété cultivée est le maïs Caragua ou dent-de-cheval qui donne les plus grands rendements.

Avec l'importance des fumures que nous apportons à cette culture et les engrais minéraux qui leur donnent une grande vigueur, nous pouvons estimer la récolte à un minimum de 100,000 kilos de fourrage vert.

Avoine — L'avoine qui vient en 3e sole, sert pour la nourriture de nos chevaux de travail et des poulains qui bien qu'élevés le plus possible dans les prairies réclament tous les jours une ration de quelques litres d'avoine et de maïs.

La paille est hachée en même temps que les betteraves et ensilée avec elles.

Cette sole d'avoine qui est nécessaire pour l'alimentation de nos équidés semble rompre et faire diversion à la règle que nous nous étions posée quand précédemment nous prenions pour base de notre système cultural la fumure du sol à son maximum produisant une abondante masse de fourrage vert qui n'aurait pas à redouter l'excès d'azote, ni la verse, ni le retard dans la maturité. L'avoine est-elle donc un obstacle à ce système de la culture exclusivement fourragère et pouvons-nous, sur une terre qui a produit 100,000 kilos de maïs après avoir reçu 50,000 kilos de fumier, faire une récolte d'avoine pour les grains sans craindre les excès de la fumure excessive.

L'avoine craint beaucoup moins la verse que le blé, sa tige plus courte et plus raide supporte un grain moins lourd, mais néanmoins sous la double influence d'une forte fumure azotée et des orages elle peut se coucher sur le sol, alors qu'elle est encore verte. Pour obvier à cet inconvénient nous choisirons une variété de paille courte et raide et nous équilibrerons d'excès d'azote par une forte addition de superphosphate minéral.

Immédiatement après la récolte du maïs, nous enfouissons les tronçons de tige qui restent et les grosses racines par un labour à 0m, 20 ; en février nous travaillons à nouveau la terre à l'aide d'un extirpateur et de plusieurs hersages pour ameublir le sol et le débarrasser autant que possible des racines qui l'encombrent.

Le semis est fait dès que les fortes gelées ne sont plus à craindre et nous répandons seulement 200 litres au semoir, on herse légèrement et on répand les graines de ray-grass qui sont enterrées par un simple roulage.

La moisson se fait à la faucheuse, car l'avoine qui est fauchée un peu avant maturité, achève de mûrir sur le sol. Le liage se fait à la main et le battage exécuté dans le champ même par un entrepreneur, le grain est rentré et la paille mise en meule à proximité des silos à betteraves.

Ray-grass. — Le ray-grass qui termine notre assolement quadriennal est de toutes les graminées celle qui donne le meilleur fourrage et les rendements les plus élevés.

Le ray-grass d'Italie que nous semons peut donner quand il est bien cultivé trois coupes et un pâturage à la fin de l'automne ; moins riche en principes protéiques assimilables que la luzerne, il lui est supérieur pour la teneur en hydrates de carbone.

Le ray-grass profite surtout des engrais très assimilables, ses racines traçantes ne lui permettent pas d'aller puiser dans les profondeurs du sous-sol les éléments qui lui sont nécessaires, l'engrais qui réussit le mieux sur cette prairie est le purin.

« De très habiles cultivateurs anglais, les Huxtable et les Mechi, ont si bien compris le service que peut rendre le ray-grass, activé par les engrais liquides que tout un système de culture, où le fumier est converti en purin d'arrosage, a été mis en pratique sur de très grandes fermes. »

Le ray-grass est semé dans la sole d'avoine qui recevra un hersage ; la graine est peu enterrée, répandue à la volée, elle lève assez rapidement et la plante prend assez de force, préservée qu'elle est par la céréale, pour pouvoir résister à l'hiver ; cette manière de procéder au semis a en outre l'avantage de donner à la moisson une paille d'avoine plus riche, qui contient la sommité des jeunes pousses au Ray-grass.

On répand de 50 à 60 kilos de graine à l'hectare, selon que la saison est plus ou moins avancée et que le temps est plus ou moins beau.

La fumure se compose d'arrosages de purin étendu de cinq fois son volume d'eau après chaque coupe et au début de la végétation. Nous nous servons pour cela d'un tonneau de grande capacité, traîné par deux ou trois chevaux, et auquel on adapte horizontalement un tube long de 3 mètres, et percé de trous qui répand l'engrais sur cette largeur.

On fait trois coupes, l'une en mai ou juin, l'autre en juillet ou août, la troisième en septembre.

Nous compterons pour ces trois coupes un rendement en foin sec équivalant à 15,000 kilos.

Nous compterons pour chaque sole 25,000 kilos de fumier, car il nous reste encore de l'engrais en terre des récoltes précédentes.

Culture dérobée de vesce. — La vesce traitée comme culture dérobée dans notre assolement enrichit le sol en azote, et répare les pertes qui se produisent nécessairement par l'entraînement des nitrates dans le sous-sol, la perte des fumiers à l'étable et les faibles quantités qu'enlèvent nos animaux. Cet apport d'azote peut s'élever pour une récolte moyenne de 20,000 kilos de fourrage vert ou 120 kilos d'azote par hectare.

La vesce suivra la culture de betteraves. Selon que la saison sera plus ou moins favorable, nous sèmerons la vesce d'hiver ou celle de printemps mais nous préférerons toujours la première, car elle nous laisse plus de temps et nous retarde moins pour la culture du maïs. La vesce d'hiver est semée en fin octobre ; on répand sur un extirpage énergique 200 à 250 litres selon que la saison est avancée ou non et 30 litres de seigle pour ramer les tiges. Dans la vesce de printemps nous sèmerons de l'avoine.

Nous n'appliquerons à la vesce aucune fumure organique, son but étant plutôt de mettre de l'azote en circulation que de fournir pour les animaux une grande masse fourragère.

La vesce d'hiver sera récoltée dès que les fleurs commenceront à paraître, c'est-à-dire à la fin d'avril. La vesce de printemps sera souvent récoltée avant la floraison car nous perdrions en attendant, pour les labours de notre deuxième sole, un temps précieux. A cause du semis tardif ou de la récolte prématurée, nous ne pourrons compter que sur 20,000 kilos de fourrage vert.

Culture dérobée de seigle. — Le seigle traité en culture dérobée est semé après la dernière sole sur un extirpage très profond et un hersage.

On répand 250 litres de grains à l'hectare ; cette quantité, exagérée si on la compare au semis du seigle pour la récolte des grains, donne une masse de fourrage plus grande et de meilleure qualité, de plus les plantes nuisibles se développent avec moins de vigueur.

Nous mettrons à son compte de culture 15,000 kilos de fumier.

La récolte est faite avant qu'il commence à épier, nous avons aussi une masse de fourrage moins considérable mais plus tendre et meilleure pour les animaux. Quelquefois lorsque l'année aura été peu favorable à la végétation, ou que au contraire la verse nous menacera nous récolterons le seigle avant le moment opportun, mais nous pouvons compter année moyenne sur 20,000 kilos de fourrage vert.

ENSILAGE

L'ensilage est le mode de conservation auquel nous avons recours pour nos fourrages.

Depuis que l'ensilage est entré dans le domaine pratique agricole, grâce à des promoteurs zélés comme MM. de Chézelles et autres, son application a fait de rapides progrès. Les services que ce mode de conservation a rendus aux agriculteurs sont innombrables, à tel point qu'aujourd'hui on regarde l'ensilage non seulement comme un pis-aller lorsque le fanage est impossible, mais surtout comme un système dont l'application générale à tous les fourrages, sous tous les climats, permet de réaliser de sérieuses économies de main-d'œuvre et de temps, tout en évitant les pertes qui résultent du fanage et en donnant un excellent aliment.

Cependant si par l'ensilage le travail est plus rapide et meilleur, la main-d'œuvre plus économique, les transformations chimiques qui s'opèrent dans le sein de la masse en fermentation ont donné lieu, de la part des chimistes, à des critiques quelquefois justifiées.

En effet, les réactions qui se font par suite de la fermentation sont les suivantes :

1° Fermentation du sucre de la plante qui se transforme en alcool et surtout en acides organiques.

2° Transformation partielle de l'amidon et de la cellulose en sucre de glucose sous l'influence de l'acidité du mélange.

3° Dédoublement de la protéine brute en amides et en albumine.

4° Concentration des principes nutritifs par suite de la disparition d'une partie de l'eau.

5° Perte en matière sèche totale.

C'est dans l'ensilage doux que les pertes sont le moins sensibles, la production d'acides gras volatils qui dégagent une odeur nauséabonde est nulle, on ne trouve que l'acide lactique.

Voici, d'après Wolff, l'analyse de deux échantillons de trèfle venus d'un même champ et récoltés au même moment, provenant l'un d'un ensilage doux bien réussi, l'autre d'une meule séchée à l'air par le procédé ordinaire.

	Protéine brute	Graisse brute	Cellulose brute	Corps extractifs non azotés	Matières minérales
Trèfle fané.	16.07	3.47	35.75	37.74	6.98
— d'ensilage doux.	18.73	6.50	28.27	38.51	7.79

	En 0/0 des corps extracrifs non azotés	En 0/0 de la protéine brute		
		Amides	Albumine	
		—	digest.	indigest.
Trèfle fané.	5.38	17.7	51.8	28.5
— d'ensilage doux.	6.64	43.3	35.9	20.8

L'ensilage doux occasionne donc des pertes en substances organiques plus ou moins élevées accompagnées de transformation d'une partie des substances albuminoides digestibles en amides.

Mais dans un ensilage bien conduit ces pertes diminuent rapidement et ne dépassent guère 5 0/0 des substances sèches et 7 à 8 0/0 de la protéine brute.

Du reste les pertes que l'on subit par le fanage pour ne pas se traduire par des chiffres que peuvent apprécier les chimistes n'en sont pas moins considérables et à elles seules suffiraient pour plaider en faveur de ce système de conservation.

Le fourrage d'ensilage reste tendre, toutes les parties sont imprégnées du jus de la plante et l'assimilabilité des principes nutritifs est beaucoup plus élevée.

Une grande partie de la cellulose indigestible dans les fourrages secs est transformée en amidon ou en sucre, matières qui jouent certes dans l'engraissement des animaux un rôle au moins aussi important que les principes protéiques.

Enfin le point, qui est pour l'agriculteur d'une importance capitale, est l'économie de main-d'œuvre, plus de fanage, de bottelage, de tassage; le fourrage aussitôt coupé est apporté à la ferme et tassé dans les fosses; les vicissitudes atmosphériques ne sont plus à craindre, la pluie même n'arrête pas la rentrée des fourrages.

La seule objection que l'on puisse formuler est celle-ci : En rentrant des fourrages verts, on véhicule une masse considérable d'eau demandant plus de frais de transport. Mais si les transports sont plus onéreux le chargement et le déchargement sont beaucoup plus rapides il suffit de basculer la voiture au bord de la fosse pour la vider, alors qu'il faut monter à la fourche les bottes de foin qui sont tassées dans les greniers.

Les silos sont des fosses en maçonnerie de 13^{m2},50 de section; elles sont, comme nous l'avons dit au chapitre qui traite des bâtiments, recouvertes de toitures légères formant quand le silo est plein un véritable hangar, où nous emmagasinerons la litière de tourbe qui sera consommée en même temps que les conserves qui se trouvent dessous.

Les silos communiqueront avec la bouverie par un chemin de fer Decauville à rampe faible.

Pour le remplissage les voitures arrivent près de la fosse et par un système de bascule vident d'un seul coup leur chargement dans la fosse, trois ou quatre personnes avec des fourches répartissent le fourrage en couches bien uniformes et le tassent surtout dans les angles et le long des parois.

Pour le ray-grass et les vesces qui sont des fourrages tendres dont toutes les parties ont à peu près la même valeur, nous préférons l'ensilage sans hachage préalable ; ce procédé a l'avantage de supprimer une grande partie de la main-d'œuvre et les résultats qu'il donne sont sensiblement égaux à ceux que donne le hachage préalable. Nous fanerons dans la première sole de ray-grass 2 hectares de fourrage pour la nourriture des équidés, car l'ensilage ne constitue pas pour eux une bonne alimentation.

Pour le maïs les conditions ne sont plus les mêmes, nous avons des tiges raides et longues de 2 à 3 mètres, qui se prêtent mal au tassage dans le silo, elles rebondissent pour ainsi dire sous les pieds qui tentent de la fouler et il reste entre ces grosses tiges beaucoup de petites cavités où l'air s'accumule. Ce seul fait qu'un mètre cube de maïs ensilé sans hachage pèse 315 à 320 kilos, tandis que le même cube de maïs haché pèse 700 kilos, suffit pour prouver la supériorité du second système sur le premier.

De plus quand on fait consommer le maïs non haché les animaux mangent l'extrémité supérieure des tiges qui contient 11 0/0 de matière azotée et laissent le pied qui n'en contient que 3,37. Avec le maïs nous mélagerons de la paille d'avoine hachée. Cette addition aura un double but : enrichir la conserve en protéine et rendre la cellulose de la paille beaucoup plus assimilable par suite de la fermentation qui s'opère dans la masse. La proportion du mélange qui sera dans le rapport de 1 de paille d'avoine à 20 de maïs ne pourra modifier ni entraver la fermentation de ce dernier.

Pour le hachage du maïs vert nous nous servirons du hache-paille à force centrifuge de M. Albaret. Le maïs et la paille seront hachés simultanément, nous éviterons ainsi l'achat d'un instrument supplémentaire.

Les betteraves rentrées à la ferme sont décolletées et nettoyées dans un écrotteur à sec.

Les feuilles et les collets sont ensilés séparément, ils donnent une masse de fourrage qui pour être aqueuse n'en est pas moins nourrissante et bien meilleure qu'à l'état frais.

Les racines sont ensilées par le procédé ordinaire, non dans des fosses en maçonnerie, mais à la surface du sol, une épaisse couche de terre et de paille où sont percées des ouvertures supérieures les préservent des gelées...

Nous n'exécuterons pas l'emplissage d'un silo en un seul jour, mais nous le ferons en deux ou trois jours pour laisser à la masse le temps de se tasser, nous pourrons ainsi emmagasiner une bien plus grande quantité de fourrage dans un même espace. La température sera surveillée à l'aide d'un thermomètre plongé dans un trou de sonde, les augmentations trop brusques de température seront arrêtées par un apport de fourrage frais, la chaleur sera réglée de manière à ne pas dépasser 55° à 60°.

Le silo une fois rempli sera couvert de fortes planches soutenues par des madriers et à l'aide des vis de serrage on exercera une forte pression de manière à atteindre au moins 500 kilos au mètre carré.

La consommation de l'ensilage commencera trois mois après la fin de l'ensilage. La matière sera découpée et mélangée avant de la donner aux animaux.

L'économie qui résulte de l'application de ce procédé de conservation est très considérable, il nous est difficile de donner des chiffres justes, car les frais de part et d'autres varient trop pour que nous puissions donner une moyenne exacte, mais on s'en rendra facilement compte, chaque année, en comparant le prix de revient de l'hectare de ray-grass fané pour les chevaux et celui du ray-grass ensilé.

LES HERBAGES

Lorsque au commencement de ce travail nous avons établi un parallèle au point de vue économique entre la culture mixte à céréales et à fourrages et la culture essentiellement fourragère, nous n'avons pas fait mention du système pastoral et cependant nous constations dans les généralités sur le département de la Somme que les cultivateurs de la région donnaient de jour en jour une extension plus grande à la culture des fourrages et surtout à l'exploitation des prairies. Si nous avons négligé le système pastoral, c'est que nous ne nous trouvons pas dans les conditions climatériques et géologiques qui nous permettent de lui donner la préférence.

En effet l'exploitation des herbages n'est économique que dans trois cas : 1° Dans les vallées, les terres d'alluvions modernes où on trouve l'eau en abondance et où le sol est trop riche en azote organique proportionnellement aux autres principes fertilisants pour que tout autre culture puisse y progresser.

2° Dans les régions fertiles et assez humides, ou très argileuses où l'élevage des animaux sélectionnés permet de réaliser de forts bénéfices comme dans le Merlerault.

3° Enfin dans les régions pauvres, où le sol est à bon marché et le loyer peu élevé, alors l'étendue remplace l'abondance des produits.

On pourrait encore à ces trois cas en rattacher un quatrième. C'est l'exploitation des prairies créées depuis longtemps, et portant un plant de pommiers qui, par les rapports qu'il donne, vient augmenter dans de grandes proportions le revenu net de l'herbage. Dans ce cas particulier où l'on trouve tout créé un plant magnifique, la culture herbagère peut produire selon les années de jolis bénéfices, mais ce système est une exception, on ne trouve aucun intérêt à planter en jeunes pommiers un herbage nouvellement créé, parce que les frais sont considérables, ils dépassent généralement 1,000 francs par hectare et que ce capital loin de rapporter immédiatement un bénéfice annuel fait attendre de 15 à 20 ans ses revenus. Quant à la plus-value foncière qui résulte de l'opération, elle est certainement à prendre en considération, mais elle est loin d'être proportionnelle aux frais d'une plantation.

Dans la région qui nous occupe, la valeur foncière des terres enherbées est de 2,000 à 2,500 francs pour les prairies sans plantation, et de 2,500 à 3,000 francs pour les prairies plantées, suivant la valeur des pommiers. La différence de valeur locative qui résulte de la plantation est plus importante, les prairies ordinaires se louent de 100 à 115 francs l'hectare, les prairies plantées 150 à 160 francs.

Le cas où nous nous trouvons est celui que nous venons d'exposer, mais cependant si nos herbages nous sont précieux par les pommes que nous y récoltons, ils nous sont aussi nécessaires pour élever nos jeunes chevaux et les quelques vaches laitières qui entretiendront la ferme de lait et de beurre.

Caractère des herbages. — Nos herbages sans avoir la végétation vigoureuse des prairies normandes et des prairies irriguées des vallées, sans en avoir surtout la précocité, sont assez fertiles pour permettre aux animaux de trouver depuis le commencement de mai jusqu'en fin novembre une herbe verte et nourrissante, courte, mais riche en éléments nutritifs qui leur donne une grande vigueur.

Peu favorables aux bêtes laitières, nos prairies donnent aux jeunes animaux un développement hâtif, du squelette ; les vaches et les bœufs y engraissent aussi assez rapidement.

Rarement nos pâturages sont desséchés pendant l'été, pendant les grandes chaleurs l'herbe pousse sans doute moins vite, mais reste toujours verte et tassée.

Etendue des herbages. — L'étendue de la propriété actuellement occupée par les herbages est assez faible, 21 hectares, mais elle nous suffit amplement pour l'élevage de nos chevaux de gros trait.

NATURE DU SOL. — Les herbages reposent sur le même sol que les terres labourables mais la proportion d'argile et d'humus est plus forte, ce qui tend à assurer plus de fraîcheur.

La composition chimique du sol est la suivante :

Azote organique . .	0/00 de terre totale sèche	. . . .	1.82
» nitrique. . . .	0/00 »	. . . .	0.002
Acide phosphorique.	0/00 »	. . . .	1.38
Potasse	0/00 »	. . . .	2.04
Chaux	0/09 »	. . . .	8.40

Si nous prenons pour épaisseur moyenne de la couche du limon des plateaux $0^m,20$, nous aurons à l'hectare un volume de $10{,}000^{m^2} \times 0{,}20 = 2{,}000$ mètres cubes ou à 1,400 kilos le mètre cube, 2,800 tonnes.

Nous avons donc les quantités suivantes en azote, en acide phosphorique, en potasse et en chaux par hectare dans le terrain énoncé précédemment :

1° Azote	5.096 kilos.
2° P^2O^5.	38.64 —
3° K^2O	57.12 —
4° CaO	23.520 — .

Nous remarquons que le sol de nos prairies contient en quantité suffisante tous les éléments de la fertilité.

L'azote est de tous ces éléments celui qui est en moins grande proportion. On pourrait en effet s'étonner qu'un sol, qui depuis plus de trente ans est enherbé et où s'accumulent les débris organiques, ne soit pas plus riche en cet élément. Nous trouvons l'explication de cette particularité dans ce fait que depuis que ces herbages sont créés ils n'ont jamais reçu d'engrais d'aucune sorte et que rarement on a nourri les animaux dehors avec du foin ou tout autre aliment. C'est à la seule propriété de l'absorption de l'azote atmosphérique par les légumineuses, trèfle et autres, que nous devons de voir le stock d'azote se maintenir à un taux aussi élevé.

L'acide phosphorique et la potasse sont en très grande proportion, surtout ce dernier élément. Nous avons donc un sol qui peut se prêter admirablement à l'élevage du cheval et particulièrement du cheval de gros trait. Ceci est tellement vrai qu'il y a quelques annés on a voulu essayer sur ces prairies l'élevage du demi-sang, mais on a dû abandonner cette spéculation, parce que les animaux qu'on obtenait par le volume de leur squelette et leur taille se rapprochaient plutôt du type carrossier. Aussi bien pour l'élevage des bovidas que pour celui des équidés, le pâturage pousse au gros.

Soins et engrais donnés aux herbages — Les herbages pour être des prairies naturelles n'en demandent pas moins des soins nombreux si on veut en obtenir des produits satisfaisants. Ces soins se résument surtout par des travaux d'entretien, car la fumure n'est pas importante.

L'azote, le plus cher de tous les éléments fertilisants, étant fourni par les légumineuses, nous nous occuperons surtout de les développer et d'amener entre elles et les graminées une proportion qui soit favorable à l'amélioration du sol.

En hiver on épand les taupinières, qui certaines années sont en grande quantité. On fauche les herbes sèches qui restent, ou on les fait manger par des bœufs trembleurs nourris dehors. Lorsque les mousses, les lichens se sont développés dans une partie on y épand 250 kilos de *sulfate de fer* à l'hectare. A l'automne et vers la fin de l'hiver on fait passer une herse couleuvre pour enlever ces mousses qui sont mortes.

Au printemps on donne aux prairies un hersage énergique qui soulève les gazons, aère le sol et les racines et rend plus facile l'absorption de l'azote par ces dernières. Avant de mettre les animaux, on roule pour aplatir le sol et provoquer le tallage.

Pendant l'été on coupe les mauvaises herbes avant qu'elles fleurissent, on les ramasse pour les brûler. Les chardons sont également enlevés à cette époque, on incise le plus profondément possible la racine à l'aide d'un instrument spécial pour qu'elle repousse moins vite.

Les bouses sont épandues à mesure qu'elles sont déposées pendant toute la saison d'herbe, par une personne spécialement affectée à ce service qui reçoit pour la totalité des herbages, 120 francs par an.

Les taupes sont détruites par des pièges que viennent tendre deux ou trois fois par an les taupiers, ils sont payés à l'étendue.

Toutes nos prairies seront passées tous les quatre ou cinq ans au régénérateur. Cette opération qui se fait à l'aide de lames en forme de couteau montées sur un bâti d'extirpateur, a pour but de diviser le sol en lamelles parallèles 4 à 5 centimètres par une fente étroite et profonde de $0^m,10$. On favorise ainsi l'absorption de l'azote, on aère profondément le sol et on le débarrasse d'une grande quantité de pieds chétifs. Cette opération a en outre l'avantage de donner au sol un pouvoir absorbant plus grand, en permettant aux engrais que l'on applique avant ce travail de pénétrer rapidement dans la terre.

En même temps que nous régénérerons nos prairies, nous y appliquerons 1,000 kilos de scories à l'hectare, pour augmenter encore la proportion d'acide phosphorique et par l'apport de chaux vive activer la décomposition des matières humifères et la nitrification ; nous ferons ainsi immédiatement profiter les graminées de l'azote des légumineuses, en même temps que par l'apport d'acide phosphorique nous augmenterons la production de celles-ci.

La nourriture des animaux au pâturage sera avec les arrosages au purin en été, les meilleurs engrais azotés que nous puissions apporter.

Quant à la potasse elle est en trop grande proportion pour que nous ayons à nous occuper de sa restitution. Du reste, comme nous l'avons dit pour les cultures fourragères, le sous-sol en sera le grand fournisseur.

CLOTURES. — Les herbages sont clos de haies vives en épines ou en houx. Les premières sont plus défensives que les secondes, car le bois d'épine est plus ferme, plus dur, il s'enchevêtre mieux que le bois de houx, de plus, quand les haies de houx atteignent une certaine épaisseur, elles meurent au centre et finissent par se diviser en deux clôtures séparées.

A peu près la moitié des haies, celles qui se trouvent le long des chemins, sont tondues à 1^{m},50 du sol. Les autres poussent de longues tiges verticales et sont coupées et reliées à peu près tous les cinq ou six ans. Les premières sont, contrairement à ce que l'on pourrait croire, plus défensives car, si elles possèdent moins de grosses branches, elles sont plus épaisses et généralement les animaux cherchent à percer plutôt une haie solide mais peu épaisse qu'une haie garnie à travers de laquelle ils ne voient pas. Par contre les haies qui ne sont pas tondues présentent pour les animaux un abri sérieux contre les vents et le froid et donnent, lorsqu'on les coupe, du bois de chauffage.

Les haies tondues sont coupées tous les ans au prix de 0 fr. 05 par mètre courant, les autres sont coupées et reliées pour 0 fr. 25.

De grands arbres, tels que chênes, ormes, peupliers, sont plantés le long de ces haies. Ils constituent un excellent abri contre le vent mais ont le désavantage d'étouffer la végétation qu'ils surplombent. Il faudrait, pour éviter cet inconvénient, les ébrancher tous les deux ou trois ans, mais l'ébranchage à longue période constitue, surtout pour les peupliers le plus clair du bénéfice.

En somme, quel que soit le nombre de ces arbres, ils sont toujours plus nuisibles qu'utiles. Leur produit est très faible; leurs feuilles rendent le sol acide et mauvais et même l'abri qu'ils offrent aux animaux est un inconvénient; en effet, ces derniers en venant s'abriter du soleil en été, du froid en hiver, fertilisent une partie de l'herbage au détriment du reste. Il est beaucoup plus pratique, à notre avis, de construire des hangars fermés seulement du côté des mauvais vents. Le fumier que font les animaux sert à la confection de composts qui sont ensuite répandus sur l'herbe.

Les barrières sont construites très économiquement en bois. Souvent elles sont remplacées par des lices qui glissent dans une mortaise.

Les herbages sont divisés en plusieurs carrés par des barrages en fil de fer rond, portant en haut une ligne de feuillard. Les haies sont également protégées par un fil de fer.

Les ronces artificielles sont bannies des herbages.

MARES ET ABREUVOIRS. — Les mares sont établies à peu de frais, elles sont simplement creusées dans l'argile du sous-sol. Leur forme est rectangulaire avec un abreuvoir ou deux, en pente douce pour permettre aux bestiaux un accès facile. Sur les côtés la mare est garnie d'arbres à feuillage épais qui empêchent dans une certaine mesure les effets de l'évaporation.

Les eaux que l'on recueille ainsi dans les mares sont des eaux d'infiltration qui ont glissé entre la couche d'argile et de limon des plateaux, elles contiennent donc en dissolution des sels de chaux et de potasse qui lui donnent une grande sapidité, ou ce sont des eaux de ruissellement qui viennent des chemins, ces dernières sont moins bonnes, elles sont chargées de sable fin et de matières en suspension ; leur goût est désagréable. Malheureusement depuis quelques années certaines de ces mares se dessèchent l'été et nous sommes obligés de transporter de l'eau dans des bacs en tôle placés au centre des herbages. L'entretien des animaux est ainsi considérablement augmenté, de plus s'ils trouvent une boisson souvent meilleure et plus saine, ils ne peuvent plus se baigner pendant les grandes chaleurs, et souffrent plus des températures élevées.

MODE D'EXPLOITATION. — Les herbages sont toujours pâturés par des poulains et des vaches d'engraissement.

Les équidés et les bovidés ne sont pas mélangés, mais passent successivement dans les différents carrés. Cette pratique a un double but :

1° Les poulains par leurs courses, leurs gambades, tourmentent les bêtes et les empêchent d'engraisser aussi rapidement, d'autre part ceux-ci peuvent, avec leurs cornes, blesser les jeunes chevaux.

2° Les bovidés qui arrivent les premiers mangent les jeunes pousses de l'herbe et laissent tout ce qui est dur, peu nourrissant et toutes les herbes qui viennent à sécher ; leur engraissement se fait ainsi plus rapidement. Au contraire les jeunes poulains préfèrent l'herbe un peu rude, ils sont moins difficiles et se contentent des secondes pousses, ils peuvent aussi raser de plus près le gazon des prairies.

Les poulains seront retirés de bonne heure des prairies avant que les grandes pluies d'automne viennent détremper le sol. Il est en effet reconnu que le piétinement des chevaux fait des dégâts considérables dans les herbages toujours humides pendant l'hiver et retarde la pousse de l'herbe au printemps.

Pour les rentrer nous ferons construire des box assez larges pour pouvoir contenir deux animaux en liberté, nous leur distribuerons là leur ration et ils sortiront seulement pendant les beaux jours où les effets de leurs gambades ne seront pas à craindre.

Bien que le pâturage soit le mode d'exploitation adopté, nous couperons tous les ans deux hectares de foin dans un double but : 1° d'avoir du fourrage pour entretenir les poulains pendant l'hiver ; 2° parce que l'alternat du fauchage et du pâturage est regardé comme très favorable. La prairie fauchée changera de place tous les ans, et recevra comme restitution des composts 500 kilos de scories et 400 kilos de kaïnit.

LA POMMERAIE

Nous avons vu précédemment quelles étaient les raisons qui nous avaient portés à conserver les prairies existant sur le domaine.

Les 21 hectares d'herbages sont plantés de pommiers ; mais bien que ces herbages soient de création ancienne, toutes les plantations n'ont pas été faites en même temps. Nous avons 6 hectares dont les arbres sont au maximum de leur valeur ; ils dépassent pour la plupart 30 centimètres de diamètre et certains peuvent donner, quand l'année est favorable, 100 boisseaux de pommes.

Un autre herbage de 9 hectares est occupé par des arbres moins âgés, ils datent de trente ans; ces arbres ont beaucoup souffert de la part des animaux qui attaquent constamment l'écorce avec leurs dents et leurs cornes et de la part des agents atmosphériques, étant sans abri, ils ont été secoués par les vents ; leur développement est irrégulier, beaucoup sont morts et ont dû être remplacés par des jeunes plants; mais néanmoins leur production est assez régulière.

Nous avons enfin une troisième catégorie d'arbres plus jeunes qui ont été plantés il y a dix ans, ils ne rapportent pas encore, mais leur végétation puissante fait bien augurer de leur avenir.

Ces trois catégories de pommiers demandent des soins différents. Pour les premiers on se contente d'enlever la mousse quand elle est trop abondante, de couper chaque année le bois mort et d'éclaircir le couplet pour permettre aux rayons solaires d'y pénétrer.

Les seconds demandent des soins particuliers et surtout des engrais pour activer leur végétation et réparer le dommage causé par les animaux. Les troncs où l'écorce est enlevée sont badigeonnés avec de la bouse de vache et entourés de liens de paille enduits de goudron. Les chancres sont traités au mastic L'homme-Lefort. Les mousses sont enlevées. Ceux qui sont intacts sont badigeonnés à la chaux et au sulfate de fer, des fourches soutiennent les troncs qui sont trop penchés.

Enfin les plus jeunes arbres sont taillés légèrement de manière à arrondir la tête et à leur donner la forme d'un parapluie ; pour cela on taille les branches du centre et celles qui montent trop vigoureusement, de manière à avoir la première année 2 branches, la seconde 4 et la troisième 8 branches ; alors on cesse la taille des sous-branches ; mais quelquefois sur les jeunes sujets il se développe le long du tronc des gourmands que l'on coupe.

Les arbres sont renouvelés régulièrement à mesure qu'ils meurent ou que le vent les abat.

Il y a quelques années les jeunes plants étaient achetés à des pépiniéristes, non greffés, ils avaient 4 à 5 centimètres de diamètre, le prix d'achat variait entre 2 fr. et 2 fr. 50. S'ils partaient bien, ils étaient greffés l'année suivante et au bout de deux ou trois ans si leur reprise était difficile. Cette pratique présentait de nombreux inconvénients, beaucoup de pommiers à cause soit du changement de sol, soit du climat plus rude, mouraient ou les greffes prenaient difficilement.

Aujourd'hui on a constitué une pépinière où on prend à mesure des besoins les arbres les plus vigoureux et les mieux venus, ils sont greffés un an ou deux avant d'être transplantés. Cette pratique a donné des résultats meilleurs. Sans doute le jeune sujet nous revient plus cher, mais sa reprise est plus assurée, car il est acclimaté d'avance au sol. Les sujets que nous plantons ainsi nous reviennent environ entre 3 et 4 francs pièce. Nous choisissons pour la greffe les espèces tardives ou de seconde saison qui n'ont pas à craindre les effets des dernières gelées du printemps.

Les jeunes arbres sont soigneusement plantés à 10 mètres les uns des autres ; mais comme nous les plantons à la place des anciens pieds qui ont épuisé le sol, nous apportons de la terre neuve.

Voici comment nous procédons pour le creusement des trous et le remplissage :

Le trou est circulaire, de 2 mètres de diamètre sur $0^{m},70$ de profondeur, comme les sujets sont plantés à l'automne, il sera creusé un an avant pour que la terre extraite et celle des parois aient le temps de mûrir sous l'action des gelées de l'hiver.

Les terres extraites sont disposées en trois tas, le gazon, le sol fertile, le sous-sol, les deux premières parties seules sont remises dans le trou dans l'ordre suivant : d'abord le gazon en couche horizontale au fond puis la terre arable disposée en mamelon sur lequel on étale les racines du jeune arbre. Ce trou est rempli avec de la terre rapportée. La surface est disposée en forme de cuvette pour utiliser toutes les eaux de pluie et cette cuvette est remplie par du compost et des engrais potassiques. On a soin de garantir les arbres contre l'atteinte des animaux au moyen de défenses placées autour du tronc.

La défense la plus communément employée se compose de trois lattes en chêne refendu réunies autour de l'arbre par trois fils de fer et piquées en terre, trois matelas en paille les éloignent du tronc. Cette armature a l'avantage de coûter peu, mais elle s'use vite, préserve mal les arbres contre les cornes des animaux et n'empêche pas ceux-ci de venir en se grattant ébranler le pommier. Aussi remplaçons-nous ces défenses par d'autres constituées de trois pieux en bois dur implantés en triangle et allant en s'écartant de bas en haut, réunis par trois rangées de planches, de telle sorte que l'écartement en bas est de $0^m,35$ et de $0^m,60$ à $0^m,70$ à la partie supérieure.

Une fumure constituée par un compost fabriqué avec du marc de pomme, de la chaux et des engrais potassiques est appliqué tous les cinq ou six ans à tous les pommiers.

COUT DE LA PLANTATION. — Chaque arbre revient avec la nouvelle armature à 8 francs environ que l'on détaille de la manière suivante :

Prix de revient de l'arbre	3 fr. »
Le trou revient à	0 fr. 70
Les frais de pose, de remplissage, charrois de terre.	0 fr. 80
Armature.	3 fr. 50
	8 fr. 00

Si nous écartons les arbres de 10 mètres, l'hectare de plantation revient à 800 francs.

Mais comme les arbres ne produisent guère avant 15 ans de récolte sérieuse, il faut compter engager un capital de :

Pour la plantation d'un hectare :

Coût de la plantation pour 100 arbres. . . .	800 fr. »
Entretien 20 francs pendant 15 ans	300 fr. »
Intérêts composés à 3 0/0 pendant 15 ans. .	612 fr. 70
Total. .	1,712 fr. 70

S'il faut attendre longtemps la première récolte des arbres plantés sur le domaine, ils produisent en revanche et presque sans aucun frais jusqu'à l'âge de 80 ans et même 100 ans.

Du reste ces chiffres sont très approximatifs, ils indiquent seulement une méthode de recherche, il nous est en effet aussi difficile de donner pour le prix de revient d'un jeune arbre un prix fixe, qu'une somme déterminée pour l'entretien de chaque année, ces frais étant très variables avec le nombre de sujets que l'on extrait annuellement de la pépinière et avec les maladies qui peuvent assaillir nos arbres.

Les bénéfices réalisés par la vente des pommes est encore plus aléatoire, il dépend du cours et de la production et ces deux facteurs sont extrêmement variables.

L'année dernière les pommes valaient 20 francs les 1,000 kilos, il y a deux ans elles en valaient 50 à 60. Cette année on vend 70 à 75 francs livrable octobre-novembre. Dans le premier de nos plants on a fait, il y a quelques années, sur 4 hectares 1/2, 3,500 francs de bénéfice net.

On doit la variation extrême des cours à diverses influences climatériques et législatives.

La gelée plus ou moins tardive est le facteur le plus important pour l'établissement des prix : quand la saison est clémente dans toute la région où se trouve le pommier, la récolte est abondante et les pommes se vendent à vil prix, certaines années même elles valent à peine les frais de ramassage et de transport ; au contraire si des gelées tardives viennent à sévir sur une région tout entière, les fleurs coulent et les fruits ne se forment pas, la demande alors étant toujours la même, les prix montent considérablement, quelquefois ils atteignent 100 francs les 1,000 kilos.

Contrairement à ce qui se produit pour les autres denrées alimentaires, il est impossible de constituer des stocks de cidre ou de pommes d'une année à l'autre, qui viennent peser sur le marché pour modérer la hausse. Cependant si les pommes se conservent mal, parce que les frais que demande la conservation seraient trop considérables, on pourrait croire qu'il est facile de profiter d'une année d'abondance pour constituer une provision de cidre fort, destiné à être coupé. Il n'en est rien, car le cas qui se présente ici est particulier, nous avons affaire généralement à de petits consommateurs répartis dans les villages qui fabriquent le cidre uniquement pour leur consommation. Or, les années où les pommes sont abondantes, les tonneaux sont très chers, et le cultivateur se voit ainsi empêché de fabriquer plus qu'il ne peut consommer.

La loi sur les bouilleurs de cru a fait aussi beaucoup de tort au commerce des pommes. Il y a quelques années, dans presque toutes les fermes, surtout en Normandie, on distillait le cidre « pur-jus. » Certes chaque cultivateur n'en distillait qu'une faible quantité, mais répétée bien des fois, cette opération prenait dans le commerce une influence marquée. Aucune statistique ne peut déterminer d'une façon précise l'importance de ce débouché, mais il est certain que la fraude s'ajoutant à l'usage du droit légal, la consommation d'eau-de-vie de cidre était très importante.

L'Allemagne était aussi pour le commerce des pommes à cidre un débouché important, mais aujourd'hui les Allemands ont exécuté des plantations importantes qui satisfont en partie à leur demande. Cependant ils sont plus que nous encore sujets aux effets funestes des gelées tardives, aussi lorsque la saison est mauvaise, et que leur production est annulée, viennent-ils, par leurs offres d'achat, bouleverser brusquement les cours en amenant rapidement la hausse.

En somme, si l'on fait la moyenne de ces dernières années, on peut conclure que la vente des pommes et l'exploitation des vergers rapportent année moyenne des bénéfices à peu près équivalents à ceux que donnent les spéculations animales entretenues par la prairie.

Mais la production des pommes n'a pas d'avenir parce que la consommation du cidre « provenant de pommes » diminue, et que les plantations nouvelles augmentent sans cesse en étendue.

LES SPÉCULATIONS ANIMALES

Lorsqu'on regarde en arrière, pour se reporter à la première moitié du siècle dernier, et que l'on compare l'agriculture d'alors à celle d'aujourd'hui, on est étonné des modifications qu'a subies l'exploitation du sol, sous l'influence du changement des conditions économiques. En agriculture, comme dans toutes les autres branches de l'industrie, l'Européen s'est trouvé aux prises avec des peuples nouveaux dont l'activité inlassable, secondée par des grandes richesses naturelles, ont fait des concurrents sérieux et redoutables. Les Américains du Nord et du Sud, les Australiens sont venus apporter sur nos marchés des denrées alimentaires à plus bas prix que les nôtres, alors l'agriculteur français, grand producteur de blé, s'est vu dans l'obligation de diminuer son prix de revient en abaissant les frais généraux, c'est-à-dire en récoltant plus de blé sur moins de surface. Le seul moyen qui se présentait à lui pour arriver à ce résultat était l'augmentation des terres en fourrage, c'est-à-dire l'augmentation du bétail entretenu par hectare, l'augmentation du bétail producteur de fumier. C'est sous l'empire de ces conditions économiques que les anciens agronomes résumèrent en un dicton devenu populaire, leurs doctrines agricoles : Le bétail est un mal nécessaire.

Aujourd'hui les conditions économiques sont changées, le bien-être se répandant dans toutes les classes de la société, la consommation de la viande a été toujours croissante et le bétail est devenu non plus un mal nécessaire mais une source de profits et de richesse pour l'agriculture. A cette nouvelle situation les agriculteurs ont répondu non seulement en augmentant le nombre de leurs animaux, mais aussi en créant des races nouvelles perfectionnées qui s'adaptaient mieux aux besoins de l'époque. C'est alors que les Charles Colling, Bakewel, créèrent dans l'espèce ovine et bovine les durham et les dischley.

C'est dans l'exploitation de ces animaux améliorés ou de leurs croisements qu'il faut aujourd'hui chercher le succès, car si la consommation de la viande a augmenté dans des proportions considérables la production est augmentée parallèlement, et la concurrence est venue abaisser les prix de vente.

Pour que nous puissions donc dans une exploitation sans vastes pâturages lutter avantageusement contre les engraisseurs du Charolais et de la Normandie, il faut que nous nous adressions à des animaux supérieurs, et que nous employions les méthodes les meilleures et les plus économiques.

SPÉCULATION BOVINE. — Engraissement à l'étable. — L'engraissement des bœufs, qui s'impose dans les circonstances économiques où nous nous trouvons, est la principale des spéculations du domaine.

Le bœuf doit être pour nous, non seulement un consommateur économique de fourrage, mais il doit être de plus un producteur de fumier à bon marché. En effet, notre système cultural, s'il repose sur la fécondité du sol et les dispositions particulières du climat, dépend pour une grande part de la cherté ou du bon marché du fumier.

Tant que nous produisons l'engrais à bas prix notre système se réalise en bénéfice, au contraire si le fumier nous revient à 18 ou 20 francs la tonne nos bénéfices sont considérablement diminués, et nous n'avons plus de raisons pour préférer le système de culture fourragère à la production des céréales. Ce dernier serait même supérieur alors que les bénéfices réalisés par son application seraient moindres, car il engage un capital mobilier beaucoup plus faible.

L'engraissement à l'étable est certainement plus aléatoire que celui fait dans les herbages, les frais de main-d'œuvre sont plus élevés, mais d'autre part, la production fourragère par hectare est plus abondante et l'engraissement est beaucoup plus rapide.

Le but à atteindre, pour faire une spéculation avantageuse, est donc de réduire la main-d'œuvre à son minimum et abréger autant que possible la durée de l'opération.

Nous avons déjà dans le chapitre qui traite des bâtiments donné une description de la bouverie. Etablie exclusivement dans le but d'engraissement elle vise surtout deux points : annuler presque le travail d'enlèvement des litières, et réduire celui que nécessite la distribution des rations. Le premier résultat est obtenu par l'établissement des fosses où s'accumule le fumier, le second par le couloir d'alimentation où circule un petit wagon Decauville amenant directement les fourrages, les racines et les tourteaux, des silos et de la salle des rations. L'eau est amenée dans les auges par une canalisation partant du bac qui se trouve au centre de l'étable, nous évitons ainsi l'emploi de vases spéciaux pour la distribution de la boisson.

La réduction de la main-d'œuvre à son minimum est certainement une cause de l'abaissement du prix de revient, mais ce facteur est beaucoup moins important qu'on le suppose généralement, car ces frais en se répartissant sur un grand nombre de têtes, se divisent au point de ne plus représenter qu'une variation comprise entre 5 et 10 francs par tête.

Au contraire les pertes que l'animal subit par suite de mouvements inutiles, ou d'une alimentation insuffisante, de même que le bénéfice que l'on peut réaliser par la rapidité de la mise à l'état gras sont beaucoup plus grands, car ils se multiplient par le nombre de têtes. Qu'il nous soit permis d'entrer pour cet ordre d'idées dans les plus menus détails, car ici chaque perte subie, si faible soit-elle, prend une importance très grande.

Nous tâcherons donc dans cette entreprise, d'arriver à deux fins : réduire les pertes de l'animal au strict nécessaire, et la période d'engraissement à sa plus faible limite.

Partant de ce principe que tout mouvement qui n'est pas nécessaire aux fonctions digestives ou vitales est pour l'animal une cause de diminution de poids, nous mettons nos animaux dans une immobilité complète, chaque bœuf dispose juste de la place qui lui est nécessaire pour se reposer, sans cependant que ses voisins en se couchant puissent l'empêcher de se coucher lui-même ; attaché très court à son auge il ne peut ni déranger ses voisins, ni s'approprier une partie de leur ration. Ses aliments et sa boisson lui sont distribués à heures réglées sans qu'il ait à se déranger. A l'exemple des grands engraisseurs anglais nos animaux seront tenus dans une obscurité presque complète. On a remarqué, en effet, que la lumière en activant tous les échanges moléculaires, augmente dans une grande mesure les pertes de l'animal. Cette méthode appliquée depuis peu à titre d'expérience dans une exploitation de notre connaissance a donné des résultats très sensibles. La température sera réglée également à la moyenne de 17°, des cheminées d'appel, à la partie supérieure du toit et des ouvertures réglables à la partie supérieure des murs, permettent de conserver facilement cette moyenne qui a été reconnue la plus favorable.

A ce système qui consiste à immobiliser complètement l'animal, pour le transformer en une machine à produire de la viande en consommant des aliments, on a reproché de ne pas stimuler l'appétit et de réduire la consommation, partant l'augmentation en poids vif. Cette objection tombe d'elle-même, car si pour stimuler l'appétit nous devons augmenter les pertes inutiles, mieux vaut certes que le bœuf ne mange pas. Du reste les condiments tels que le sel, la variété dans l'alimentation et la régularité dans la distribution des rations sont les meilleurs excitants de l'appétit.

Nous devons encore faire entrer dans l'économie de l'engraissement que nous pratiquons, un troisième facteur, c'est le temps et le degré d'engraissement.

Il ne suffit pas en effet d'avoir réduit la main-d'œuvre à son minimum et placé l'animal dans les conditions les plus favorables à la production de la graisse, il faut encore que l'engraissement soit fait dans un minimum de temps.

Nous distinguons dans l'alimentation la ration de production et la ration d'entretien : la première est invariable, elle ne produit rien et coûte cher ; la seconde au contraire produit la viande, il est clair que moins nous distribuerons de la première, moins l'engraissement nous aura coûté, c'est-à-dire que plus la ration de production sera élevée relativement à la ration d'entretien, plus nous réaliserons de bénéfice.

Le bénéfice réalisé sur un bœuf ne porte pas exclusivement sur l'augmentation du poids vif et nous ne pouvons pas dire que si un animal fait un kilo par jour il gagne 0 fr. 90. Il y a encore entre le prix de la viande maigre et celui de la viande grasse, c'est-à-dire de la viande de première qualité, une différence de prix sensible, très variable sans doute mais que l'on peut estimer à un minimum de 0 fr. 05 par kilo vivant, or cette différence n'existe pas sur l'augmentation de poids produite pendant la période d'engraissement, de telle sorte qu'elle est la même pour un animal engraissé en trois mois que pour un autre engraissé en quatre ou cinq mois.

Dans l'engraissement à l'étable il est un point qu'on ne doit pas dépasser économiquement, c'est l'état gras, or en cinq mois un animal nourri à l'étable est fin gras et pendant l'intervalle des deux périodes l'augmentation de poids vif par jour va sans cesse en diminuant pour une ration constante, il est vrai que la qualité de la viande est quelquefois supérieure mais pratiquement les bouchers ne font pas de différence de prix entre l'état gras et l'état fin gras.

Nous allons par quelques chiffres donner à ces considérations une forme plus exacte.

Engraissement en 5 mois.

Dépenses :	150 rations à 1 fr. 20.	180 fr. »	
	Frais de litière : 450 kilos à 15 fr. les 1,000 kilos.	6 75	
	Frais divers.	10 »	
		196 fr. 75	196 fr. 75
Recettes. .	Plus-value de 0 fr. 05 sur 600 kil. .	30 fr. »	
	1re période : jusqu'à l'état gras, 1 kilo par jour à 0 fr. 95, 100 jours.	95 »	
	2e période : jusqu'à l'état fin gras, 0 kil. 850 par jour à 0 fr. 95, 50 jours.	40 35	
		165 fr. 35	165 fr. 35
	PERTE totale ou valeur du fumier		31 fr. 40

Engraissement en 3 mois.

Dépenses :	90 rations à 1 fr. 20.	108 fr. »	
	Frais de litière.	4 05	
	Frais divers.	6 50	
		118 fr. 55	118 fr. 55
Recettes. .	90 kilos de viande à 0 fr. 90 . . .	81 fr.	
	Plus-value de 0 fr. 05 sur 600 kilos.	30	
		111 fr.	111 fr. »
	PERTE		7 fr. 55

Dans le premier cas, si nous estimons le fumier produit à 8,000 kilos et sa valeur à 10 francs la tonne, nous avons un bénéfice de :

80 fr. — 31 fr. 40 = 38 fr. 60 par bœuf,

et par place d'étable :

$$\frac{38.60 \times 365}{150} = 93 \text{ fr. } 90.$$

Dans le second cas, nous avons dans les mêmes conditions 5,000 kilos de fumier, soit un bénéfice de :

50 fr. — 7 fr. 55 = 42 fr. 45,

soit par place d'étable :

42 fr. 45 × 4 = 169 fr. 80.

Ce bénéfice paraît considérable, mais il tient surtout à ce que le bœuf d'engraissement est un grand producteur d'engrais, il donne 20,000 kilos de fumier par an alors que la vache laitière n'en fournit guère que 11 à 13,000 kilos en stabulation permanente.

Nos animaux seront pesés deux fois pendant le cours de l'engraissement, au premier et au second mois. Les animaux qui par leur augmentation journalière, par leur appétit, sont assez semblables, seront réunis en groupes dans l'étable et pour chacune de ces catégories nous aurons une alimentation spéciale.

Tous les bœufs sont marqués aux deux cornes d'un numéro qui correspond à la souche d'un livre où sont inscrits le poids à l'arrivée, l'âge et le prix, à chaque pesée on note l'augmentation journalière de poids.

Les animaux que nous engraissons sont des Durham-Manceau, cette race créée au début du siècle dernier par le croisement des taureaux anglais avec les vaches du pays est exclusivement destinée à l'engraissement.

Bien que d'un poids relativement peu élevé ces animaux donnent d'excellents résultats, ils sont peu délicats, leur viande sans être aussi bonne que celle des charolais est classée dans la première catégorie mais leur engraissement est beaucoup plus rapide.

Les bœufs sont vendus à l'âge de trois ans. Les meilleurs animaux se trouvent dans le Maine-et-Loire, au nord-est et à l'est d'Angers. Sur le marché d'Angers on ne trouve guère que des sujets ayant plus ou moins de sang durham. Ces animaux sont surtout vendus en février, mars, avril et à la fin de la saison d'herbe.

Le nombre des bœufs engraissés dans le pays est très petit, excepté cependant dans la partie vendéenne du département de Maine-et-Loire; aussi les animaux maigres que viennent acheter les herbagers normands se vendent-ils moins cher que les charolais et les nivernais, et l'engraissement est plus économique.

Nos bœufs gras sont expédiés vers les centres du Nord, surtout à Lille, aussitôt qu'ils ont atteint un état satisfaisant d'embonpoint et sont remplacés par d'autres.

D'après M. Baillet le rendement moyen des métis Durham-Manceau est de 60 à 62 0/0.

Nos bœufs sont achetés par un commissionnaire et expédiés par chemin de fer. A leur arrivée ils sont pesés, marqués et classés suivant leur poids et leur âge.

On ne trouve jamais dans leur pays d'origine d'animaux de quatre ou cinq ans ayant déjà travaillé, maigre, et en mauvais état, ils sont en général gardés à l'étable l'hiver et placés dans les pâturages l'été.

Nous arrivons ainsi à engraisser en moyenne un bœuf en trois mois.

L'engraissement à l'étable s'arrête en juin, à cette époque les derniers animaux sont vendus le plus tôt possible de manière à arriver sur les marchés avant les premiers bœufs d'herbe. On ne rachète les animaux maigres qu'en septembre-octobre. Nous avons ainsi environ trois mois à trois mois et demi pendant lesquels nos étables sont vides, ceci nous permet de nous occuper exclusivement de la rentrée et de l'ensilage des fourrages verts. De plus l'engraissement fait à l'étable l'été est peu rémunérateur parce que la chaleur souvent très forte incommode les animaux en leur faisant subir des pertes importantes et que au moment où nous vendrions nos animaux achetés en juin, nous nous trouverions en concurrence avec les bœufs de pâture qui approvisionnent tous les marchés. Au contraire, achetant les animaux maigres au début de l'automne nous les vendons en décembre, alors que tous les bœufs d'herbes sont épuisés et que les bœufs sucriers n'ont pas encore paru...

Engraissement à l'herbage. — Les herbages que nous gardons à cause du produit que donnent les pommes ont surtout pour mission de nous servir à l'élevage des poulains de gros trait, mais notre élevage, limité qu'il est par l'utilisation des animaux adultes, ne suffit pas à charger ces pâturages.

Nous devons donc avoir recours, pour compléter le nantissement, à des animaux d'engrais. Ce sont les vaches de réformes qu'on engraisse sur ces pâturages, ou des bêtes de deux ou trois ans n'ayant jamais vélées, l'herbe n'est en effet ni assez abondante ni assez riche en principes nutritifs pour pouvoir nourrir économiquement des bœufs. Les vaches au contraire plus rustiques et moins lourdes s'accommodent mieux de nos pâturages où l'herbe est quelquefois courte. Du reste étant donné le nombre relativement restreint d'animaux que nous pouvons entretenir, les frais de transport pour l'achat et la vente entraîneraient une grande partie du bénéfice.

On compte généralement que sur un hectare d'herbage, quand la saison d'herbe est favorable, on peut engraisser deux bêtes de 400 à 500 kilos.

Les vaches maigres sont achetées dans le pays de Bray, aux foires de Forges et de Gournay. Ce sont généralement des bêtes hors d'âge ou qui ont été vendues à la suite d'un mauvais vélage ou d'un accident quelconque survenu après le part, quelquefois aussi ce sont des genisses dont les éleveurs se débarrassent à cause du manque d'herbe ou par suite d'une sélection dans leur élevage.

Contrairement à ce que l'on pourrait croire, les jeunes bêtes ne sont guère préférables aux bêtes âgées. Les premières sans doute se vendent plus cher et graissent plus rapidement, mais les secondes s'achètent à bien meilleur marché et rarement on peut dans nos centres, contrairement à ce qui se pratique dans l'Auge et le pays de Bray, remplacer les bêtes de primeur par des vaches de remise.

Alors qu'une jeune bête ayant encore deux ou quatre dents de lait se paie généralement 400 à 450 francs, une bête de même poids déjà âgée coûte 100 ou 120 francs de moins. Il faut donc pour réaliser le même bénéfice dans les deux cas, vendre la jeune bête 120 à 100 francs de plus, c'est-à-dire faire sur le kilo vif une différence de 0 fr. 10 entre la première qualité et la seconde. L'augmentation de poids vif n'est guère plus importante dans un cas que dans l'autre cas, car si les bêtes âgées sont dures, les jeunes sont généralement de mauvaise nature et peu disposées à l'engraissement, elles sont aussi plus turbulentes.

Nous n'avons donc pas ici à faire entrer dans l'économie de la spéculation, le temps, les deux facteurs importants sont le prix d'achat et le prix de vente. Plus la différence sera grande pour des animaux de même poids, plus le fourrage consommé nous sera payé cher.

Nous préférerons donc aux jeunes bêtes, les vaches ayant déjà vêlées trois ou quatre fois. Toutefois parmi celles-ci, il est certaines considérations à établir, un choix à faire, mais il faut pour ceci l'habitude et l'œil expérimenté du praticien qui sait distinguer au milieu d'un troupeau de vaches quelles sont celles qui présentent les meilleures dispositions pour l'engraissement.

Les bêtes maigres sont achetées avant que l'herbe soit complètement poussée. On les nourrit à l'étable pendant quinze jours à un mois avec des fourrages de deuxième qualité, on a ainsi l'avantage de les payer beaucoup moins cher.

Les herbages étant divisés en carrés de quelques hectares, on met d'abord les vaches à engraisser qui mangent la meilleure herbe, la plus fine, puis les poulains viennent consommer le reste. Nous donnons ainsi à nos bovides une alimentation qui est toujours de première qualité et nous évitons les accidents qui peuvent résulter du mélange des poulains et des bêtes à cornes.

Les vaches sont saillies au début de l'engraissement par un taureau qu'on laisse avec elles un mois ou deux, elles sont ainsi plus paisibles et graissent mieux.

Généralement l'engraissement se termine un peu avant la fin de la saison d'herbe, les animaux sont vendus sur place soit à des marchands, soit à des bouchers.

Ce genre d'engraissement que l'on pratique actuellement sur le domaine rapporte, en année moyenne, 90 à 100 francs par tête après déduction des frais de nourriture à l'étable ; l'augmentation de poids vif par jour est très variable suivant les années et les animaux, il est même impossible d'établir une moyenne approximative.

Si donc nous comptons nourrir deux bêtes à l'hectare, nous aurons un bénéfice brut de 200 francs.

Nous entretenons encore deux vaches à lait pour les besoins de la ferme et deux ou trois porcs pour l'alimentation du personnel.

Elevage du cheval de trait. — L'élevage du cheval de trait est la seule spéculation chevaline qui, si elle ne donne pas toujours les bénéfices les plus élevés, assure au moins les résultats les plus constants et les plus réguliers. Que l'on élève le cheval d'omnibus ou de camionnage, l'étalon pour les haras ou pour l'exportation, le prix de vente couvrira toujours les frais d'élevage, surtout lorsqu'on s'adresse à une race de premier ordre comme la race boulonnaise.

La race boulonnaise a subi depuis un siècle environ de grands changements, tant du fait de la direction des Haras que sous l'influence des concours locaux et départementaux.

Mais « grâce au bon sens des éleveurs et de certains de nos dirigeants qui aiment passionnément nos chevaux, comme MM. de Cassigny, d'Hunières, Viseur, Demantte, grâce aussi aux conditions climatériques et géologiques qui sont la base de tout élevage de trait, le type de nos bons chevaux s'est toujours maintenu. » (E. Le Gentil.)

On pourrait encore trouver aujourd'hui de nombreux animaux répondant à cette description que donnait M. Viseur en 1897, dans son *Histoire du cheval boulonnais :*

« Sanguin, nerveux, il a la peau fine semée d'arborisations veineuses très apparentes lorsqu'il est en action ; tête courte relativement forte, — œil vif, mais parfois un peu trop voilé par la paupière trop épaisse, — naseaux bien ouverts avec les ailes du nez mobiles, extensibles, — toupet fourni, crinière soyeuse, de longueur variable, — encolure épaisse, parfois rouée, — garrot suffisamment haut, mais perdu sous les masses musculaires qui l'environnent ; — épaule bien sortie, offrant une bonne surface d'appui au collier, — l'avant-bras long, les canons courts sont légèrement obliques de haut en bas, d'avant en arrière et mettent l'animal dans la position dite sous-lui de devant. — Poitrine vaste dans toutes les dimensions, — dos parfois infléchi, — côte longue, arrondie, — reins larges et courts, — hanches assez souvent un peu saillantes, — croupe charnue, partagée dans son milieu par un sillon qui la fait dire double, modérément oblique, — queue bien attachée, — muscles de la cuisse volumineux, avec peu de tissus conjonctifs, — jarret sec, épais et large, surtout chez le mâle, articulations nettes, — tendons fermes bien détachés, — crins modérément fournis en arrière du boulet, — pied bien ferme et parfois évasé. »

On pourrait reprocher au boulonnais la faiblesse de ses membres pour la masse de son corps et surtout la faiblesse du canon, de même que la longueur du rein et du dos qui le fait souvent paraître enselé. Mais par contre il a pour lui la souplesse et la légèreté des mouvements, son allure régulière au trot.

On tend aujourd'hui, pour satisfaire les acheteurs, surtout les Américains, à produire un animal de robe plus foncée et d'un poids plus considérable.

Le premier résultat a été obtenu par pure sélection, comme la robe blanche avait été obtenue précédemment également par sélection.

Le boulonnais est devenu gris foncé, quelquefois noir, rarement bai, etc., mais à mesure qu'il vieillit, sa robe devient plus claire et on peut dire pour lui ce que l'on a dit pour le percheron : qu'au lieu d'être gris clair à trois ans, il l'était à sept ou huit ans.

L'administration des Haras, s'associant aux intérêts des agriculteurs, recherche surtout aujourd'hui les animaux gris foncé et l'on peut voir à Compiègne de jolis étalons sous cette robe.

Pour l'augmentation du volume, l'éleveur boulonnais a sur l'éleveur percheron cet avantage qu'il n'a rien à créer. Il a sous la main deux races, deux variétés, mais les Américains ne se contentèrent pas d'animaux pesants, ils demandèrent des colosses de 900 à 1,000 kilos, de tels animaux étaient enlevés par eux au prix d'or... « On s'était donné pour but de pousser le développement jusqu'aux extrêmes limites par tous les moyens : l'exercice modéré, le régime d'empâtement, dans lequel les légumineuses, les farineux, la graine de lin, la pomme de terre, la betterave, tiennent une place prépondérante et on l'a atteint, on l'a même dépassé, en faisant un cheval de pas tranquille et lent, grand, gonflé, dégingandé, capable d'enlever un poids énorme, avant tout effort musculaire, par simple chute sur le trait, c'est-à-dire par déplacement du centre de gravité d'autant plus effectif que l'animal est et doit être un peu sous-lui du devant, que ce devant est plus lourd, qu'il est plus chargé de tête et d'encolure. » (Viseur.)

On a obtenu ainsi un animal artificiel qui est non plus le résultat de la nature du sol et d'un système d'élevage rationnel, mais le produit de procédés empiriques et peu recommandables, un animal qui ne peut se reproduire par lui-même, qui s'use vite, demande longtemps avant de constituer son squelette, un animal qui est bien plus un grand consommateur de fourrage et d'avoine qu'un puissant travailleur.

Les Américains ont vite compris qu'ils faisaient fausse route ; aussi reviennent-ils actuellement à un animal moins volumineux, moins proportionné.

Ce que l'on cherche aujourd'hui surtout, c'est produire un animal harmonieux variant entre 700 et 900 kilos bien proportionné, court et large, aux articulations puissantes, à la poitrine large et profonde, un animal qui puisse pour le camionnage transporter de lourdes charges au pas et ramener au trot la voiture vide. C'est justement cette qualité de pouvoir tirer de lourdes charges ou de trotter assez vite à volonté qui fait la supériorité de notre cheval boulonnais sur le fameux cheval belge, celui-ci est une masse énorme de muscles, commun et lourd il ne peut servir qu'aux allures lentes pour les très gros transports.

Le boulonnais a dans son origine un mélange de sang oriental, c'est-à-dire de noblesse, d'énergie et de fixité.

Les chevaux belges ont le défaut de n'avoir dans les veines que le sang du cheval des Pays-Bas ; c'est une sélection de cette race, mais ce n'est qu'une sélection, faite sous un climat plus ou moins brumeux, dans des pâturages azotés et souvent aqueux ; ce sont exclusivement des animaux à sang froid élevés dans des pays froids. On ne s'est occupé, chez ces animaux, qu'à produire du poids, c'est-à-dire développer le côté lymphatique du cheval primitif.

Depuis deux ans, il s'est constitué un syndicat hippique boulonnais qui groupe tous les principaux éleveurs du Pas-de-Calais, de la Somme et de l'Oise et donne à l'élevage du cheval de trait une impulsion heureuse.

De nombreux concours et surtout des primes de conservation assurent à l'élevage du boulonnais un avenir brillant, en empêchant les meilleurs reproducteurs de passer à l'étranger ou d'être achetés par les percherons et les nivernais.

Les poulains naissent généralement en mars et avril, au moment où, les semis de printemps ne sont pas encore commencés. Ils restent à l'herbage, têtent leur mère lorsque celle-ci rentre du travail. Ces poulains sont vendus aux foires qui ont lieu du mois d'août jusqu'à la fin de l'année ; ils sont achetés par les cultivateurs de la Somme et de l'Oise, dressés et revendus à d'autres cultivateurs qui ont besoin de moteurs plus puissants, qui les revendent eux-mêmes à l'industrie parisienne. Cette exploitation en mode de croissance est une des causes primordiales de la prospérité de cet élevage.

Les foires les plus connues du boulonnais sont celles de Desvres, de Marquise, de Fruges, d'Hucqueliers, etc.

Cet élevage donne des bénéfices relativement faibles, les chevaux de camionnage se paient rarement plus de 1,200 à 1,500 francs à quatre ou cinq ans.

Nous préférons acheter chez les grands éleveurs du Pas-de-Calais et de la Somme, tels que MM. d'Herlincourt, de Nazière, E. Le Gentil, Le Vasset, Calais, etc., des poulains mâles d'origine « sans le pis de la mère », la livaaison a lieu à des époques plus ou moins éloignées. On opère ainsi dans le choix des animaux à élever une première sélection, qui permet d'espérer des jeunes poulains de bons résultats. Le sevrage a lieu à six mois et peu à peu l'animal est habitué à manger avec sa mère l'herbe des prairies et quelques grains d'avoine. L'origine du père est surtout importante, c'est elle qui donne une grande partie de la valeur au jeune sujet.

Ces jeunes poulains achetés à six mois se paient cher, mais si l'élevage est bien conduit ils peuvent être présentés aux haras, ou vendus aux étalonniers à des prix variant de 2,000 à 4,000 francs.

Pour l'élevage du cheval d'origine, la différence dans le prix de revient tient surtout à ce que le laiteron d'espèce se paye beaucoup plus cher que le poulain commun. Les frais de nourriture sont sensiblement les mêmes ainsi que les soins, tous deux fournissent la même somme de travail, mais le premier est vendu bien plus tôt.

Si nous prenons par exemple un éleveur désirant mettre un capital de 6,000 francs dans l'achat de laiterons, il pourra acheter d'un côté sept poulains d'origine ou douze poulains sans origine.

Si nous comptons pour les premiers une dépense de :

	Prix d'achat.	6.000 fr.
1re année :	Nourriture six mois d'hiver.	917
2e année :	Six mois au pâturage . . .	504
	Soins, frais généraux. . . .	280
	Total. . . .	7.701 fr.

Un poulain nous reviendra donc à $\frac{7,701}{7}$ = 1,100 francs. Si nous comptons un prix de vente moyen de 1,800 francs, nous aurons pour les sept animaux un bénéfice net de 700 × 7 = 4,900 francs.

Dans le second cas nous aurons :

	Prix d'achat.	6.000 fr.
1re année :	Nourriture six mois d'hiver.	1.320
2e année :	Six mois au pâturage . . .	874
	Soins, frais généraux. . . .	480
	Total. . . .	8.674 fr.

Chaque animal nous revient à $\frac{8,674}{12}$ = 723 francs. Si nous comptons un prix de vente moyen de 1,000 francs, ce qui est beau pour un cheval ordinaire de labour, nous aurons un bénéfice net pour les 12 animaux de 277 × 12 = 3,324 francs.

Les jeunes poulains qui arrivent dans l'exploitation à six mois, passent l'hiver dans des boxes où ils sont réunis au nombre de trois ou quatre, dans une liberté qui leur permet de se déplacer, mais non de ruer, ils sortent quelques heures quand la température est clémente.

Aux mois de mars-avril ils sont mis au pâturage et y restent jusqu'en novembre. On les rentre alors pour les dresser et les faire travailler tout en leur donnant une alimentation riche et nourrissante; quinze jours ou trois semaines avant la vente, les jeunes étalons suivent un régime particulier. Ils sont nourris avec des féculents, des pommes de terre, des machs, du grain cuit, des carottes pour les mettre en état. On ajoute à leur ration quelques poignées de graines de lin pour leur donner beau poil. Ils sont sortis plusieurs fois par semaine et dressés à la présentation.

Ce que nous cherchons à produire avant tout c'est le gros cheval, le temps du postier est fini, il ne se vend plus. Le cheval à deux fins se vend également mal. Seul l'étalon de gros trait présentant de la masse trouve acheteur.

Les animaux qui ne sont pas vendus comme étalons forment les déchets, ils trouvent un écoulement dans les grandes villes pour les gros transports, c'est le cheval utile qui jeune mène nos instruments compliqués de la culture moderne, pour terminer sa carrière sur le pavé des grandes villes, la cour d'une usine ou les rails d'un chemin de fer. — « Il faut faire, dit M. E. Le Gentil, dans *le Bulletin du Syndicat hippique boulonnais,* ce que l'on demande : le cheval membré, profond, tranquille, pouvant être conduit par le premier charretier venu — le cheval foncé se salissant le moins possible dans la boue et la suie des usines — tout ceci n'est point une fantaisie, c'est une évolution contre laquelle on ne peut aller. — Si vous voulez faire de l'élevage de trait, soyez positif avant tout, sinon vous resterez entre deux selles : vous aurez un cheval qui ne sera ni postier, ni gros trait, c'est-à-dire que vous aurez une marchandise invendable. »

Le cheval de gros camionnage qui ne peut servir comme étalon peut encore atteindre 1,500 à 1,800 francs, et assurer un bénéfice très appréciable à son éleveur.

TRAITEMENT DU BÉTAIL

« Pour le zootechnicien comme pour l'agriculteur, l'animal est une machine à fabriquer des produits avec des fourrages pour matière première.

« On comprend que le prix de la matière première et des produits fabriqués restant constant, la production sera d'autant plus avantageuse et économique qu'elle sera plus intensive, c'est-à-dire plus active, plus considérable, plus rapide, parce que les frais généraux d'entretien, logement, service, surveillance, éclairage, mobilier, vétérinaire, risques et amortissement restent à peu près les mêmes, que l'animal produise peu ou beaucoup. Il n'y a de différence que pour la nourriture de production qui augmente comme les produits environ, et pour la litière qui augmente également un peu. » (Crevat.)

Il faut donc que nous cherchions à nourrir au maximum et pour cela il ne suffit pas de faire manger beaucoup, il faut encore faire assimiler beaucoup, c'est-à-dire coordonner les rations de manière à ce que du mélange des divers aliments, de leur grande assimilabilité résulte pour leurs principes nutritifs le plus haut quotient de digestibilité.

Cette alimentation intensive dont dépend le succès de tout engraissement est aussi nécessaire à l'élevage, elle permet de diminuer dans une grande mesure l'action des ascendants directs, elle corrige l'hérédité.

L'action des reproducteurs sur le produit à naître, quoique très importante, n'est que passagère ; son influence sur le jeune animal, dit Crevat, dans son ouvrage sur l'alimentation rationnelle du bétail, s'efface de plus en plus pendant la croissance, par suite de l'action prolongée et continue des agents extérieurs et de l'exercice.

Les producteurs ne donnent au produit que la possibilité, la prédisposition à devenir semblables à eux mêmes, avec le concours favorable des autres causes modificatrices.

Il est donc de première importance, aussi bien dans l'élevage que dans l'engraissement, de composer une bonne ration, c'est là qu'est la base, le point de départ de toute spéculation heureuse ou malheureuse.

Cette ration peut être productive si elle fait rendre à l'animal le plus de produits ; économique suivant qu'elle fournira les unités nutritives au plus bas prix ; normale si tous les éléments nutritifs s'y trouvent dans la proportion la plus favorable à l'animal.

Les deux dernières conditions peuvent se réunir en une seule, en effet une ration n'est utile et productive pour un animal, qu'autant qu'elle présente entre les principes nutritifs la proportion la plus favorable soit à son engraissement, soit à son élevage, soit encore à la production du travail moteur.

Cette relation entre les éléments actifs des fourrages, c'est-à-dire la proportion qui existe entre les matières albuminoïdes, les graisses et les matières hydro-carbonées, constitue ce que les zootechniciens appellent la relation nutritive, qui est exprimée pour tous les aliments par la formule générale :

$$\frac{\text{Matières azotées digestibles.}}{\text{Matières grasses digestibles} \times 2.4 + \text{Mat. hydrocarb. digestibles.}}$$

Les nombreuses recherches consacrées à la digestibilité des aliments ont montré que la relation nutritive avait une influence notable sur l'épuisement complet des aliments par le tube digestif.

Après de nombreuses expériences exécutées surtout en Allemagne pendant ces dernières années, on est arrivé aux conclusions suivantes :

1° L'élargissement de la relation nutritive varie avec les espèces considérées et la conformation anatomique de leur appareil digestif; assez accentuée chez les ruminants cette dépression de la digestibilité est plus faible chez les chevaux et reste insensible pour les porcs, avec une relation nutritive voisine de 1/9.

2° Les jeunes animaux exigent pour leur développement normal une relation nutritive étroite, voisine de 1/4, au contraire pour les animaux d'engrais, la relation nutritive peut être étendue jusqu'à la limite 1/7.

3° Les relations nutritives larges peuvent être également appliquées aux animaux de travail, les matières non azotées digestibles comme les matières azotées digestibles constituant des sources de l'énergie musculaire.

D'après Wolf les relations nutritives les mieux appropriés sont :

1° Avec l'engraissement des bovides comprises entre 1/5.5 et 1/6.5.

2° Avec l'élevage des chevaux 1/4.

« Il est toutefois à remarquer, relativement au taux de rationnement, qu'il ne faut pas, dans la pratique, pousser la minutie au point de vouloir réaliser exactement les combinaisons proposées : celles-ci n'ont une grande portée que parce qu'elles peuvent servir de point de repère et qu'elles montrent rapidement les rapports nutritifs judicieux que l'on doit sans cesse avoir devant les yeux pour atteindre le succès relatif le plus élevé dans l'industrie du bétail. » (Emile Wolf.)

Pour la détermination de la quantité d'aliments à donner à chaque animal nous nous appuierons sur les données de Crevat. Cette méthode présente sans doute quelques imperfections, elle ne tient pas compte de la formation de la graisse animale par le sucre et les hydrates de carbone. Aussi les relations nutritives qui se déduisent de l'application de ses règles sont-elles souvent trop étroites ; mais à notre humble avis, c'est actuellement la méthode qui se rapproche le plus de la vérité. Dans son application nous aurons pour élargir la relation nutritive à procéder à des substitutions alimentaires, en nous basant sur la valeur respective des éléments nutritifs généralement admise aujourd'hui, savoir :

Matières azotées	1
Matières grasses	2. 4
Matières hydro-carbonées	1

Dans le rationnement des animaux, Crevat distingue la ration d'*entretien* et la ration *supplémentaire de production*. La première se subdivise en ration de simple entretien quand l'animal sans augmenter de poids ne dépense en force que ce qui est strictement nécessaire à l'accomplissement de ses fonctions vitales, et en ration d'entretien productif de l'animal fabriquant des produits : « par le fait même de la plus grande activité déployée dans l'organisme animal lorsqu'on lui fait fabriquer des produits, il y a une augmentation plus ou moins grande des dépenses d'entretien pour maintenir en état cet organisme. »

Crevat est arrivé par l'expérience et la théorie à trouver les quantités de sucre, de graisse et de matière azotée nécessaires pour entretenir un animal de 500 kilos à la température de 12° ; il a déterminé de plus pour le même poids animal la ration. Quant à la ration de production elle est en raison directe des produits demandés à l'animal.

Pour passer de la ration d'entretien d'un animal de 500 kilos à celle d'un animal de poids quelconque, Crevat a posé la règle suivante :

« Les diverses déperditions animales s'effectuant par les surfaces muqueuses et cutanées qui entourent le corps proprement dit, intérieurement et extérieurement, il est raisonnable d'admettre que pour des animaux semblables et dans les mêmes conditions les déperditions sont proportionnelles aux surfaces de déperdition (non pas au poids du corps) et par suite au carré des dimensions homologues, telles que le périmètre de poitrine par exemple.

« Il convient de choisir, pour terme de comparaison, le périmètre de poitrine de préférence à toute autre dimension parce que ce perimètre de poitrine, en outre de sa dépendance générale de la surface muco-cutanée, est encore en rapport intime avec la surface pulmonaire, qui est une des causes prédominantes de déperdition, puisque c'est elle qui donne accès dans le corps à l'oxygène, agent principal de désorganisation et de combustion. »

En admettant cette hypothèse, il est facile, connaissant la ration d'un animal de 500 kilos, de trouver celle d'un autre animal d'un poids quelconque, en effet si les déperditions et par suite les rations sont proportionnelles aux surfaces de déperdition et celles-ci proportionnelles au carré du périmètre de poitrine on peut poser :

$$\frac{\text{R. d'un animal de 500 kilos}}{\text{R. d'un animal de X}^{***}\text{ kilos}} = \frac{C^2}{C'^2}$$

Le périmètre égale la racine cubique du poids vif P divisé par un certain x coefficient variable suivant l'espèce, l'âge, le degré d'embonpoint.

Ce coefficient est donné par Crevat, nous nous en servirons pour l'établissement de nos rations théoriques, mais dans la pratique il est plus simple de prendre le tour de poitrine directement sur la bête.

Nous n'avons pas, dans les lignes qui vont suivre, pour but de déterminer d'une façon invariable telle ou telle ration, les chiffres que nous allons donner, ne sont qu'approximatifs. La ration se détermine en pratique non seulement d'après le tour de poitrine mais aussi d'après la la nature de l'animal, sa plus ou moins grande propension à l'engraissement, son appétit, son état pathologique, etc...

Il y a encore dans le rationnement une autre considération à faire entrer, c'est l'économie de la ration, par des combinaisons économiques, il est aisé de réaliser, par jour, des différences de 0 fr. 10 à 0 fr. 30 en bénéfice ou en perte.

Cependant, dans les circonstances où nous nous trouvons, cette question a moins d'importance, nous avons à consommer tous les fourrages du domaine à un prix donné, l'économie ne sera que dans la bonne constitution des rations et aussi dans le choix des tourteaux.

Traitement des bœufs d'engrais. — Les bœufs consommeront pendant leur engraissement les fourrages ensilés et des tourteaux.

C'est le tourteau d'arachides décortiquées qui sera préféré aux autres bien que son usage ne soit pas pour l'engraissement aussi répandu que celui de lin à cause de son goût plus désagréable; il est celui qui nous donne l'unité nutritive au plus bas prix. En calculant les éléments nutritifs comme on le fait actuellement en Allemagne et en Belgique pour l'achat de ces mêmes matières, et en les estimant toutes deux à 18 francs les 100 kilos, nous avons :

	Lin	Arachides
Protéine, 28.7 0/0 (coefficient 2)	57.4	95
Graisse, 10 0/0 (coefficient 2,2)	22	15.62
Matière hydroc., 37.3 0/0 (coefficient, 1).	37.3	17.2
	116.7	127.82

nous avons donc l'unité nutritive à

$$\text{Tourteau de lin . . . } \frac{18}{116.7} = 0 \text{ fr. } 154$$

$$\text{Tourteau d'arachides } \frac{18}{127.82} = 0 \text{ fr. } 140$$

Le tourteau d'arachides a surtout pour nous l'avantage de rétrécir la relation nutritive de nos fourrages ensilés, en effet

R. N. du tourteau de lin. . . . . = 1/2 1 } éléments assimilables.
R. N. du tourteau d'arachides décort. = 1/1 }

Nous allons chercher d'abord la ration qui est nécessaire pour l'engraissement de nos bœufs. Etant achetés en chair nous ne distinguerons dans leur alimentation que deux périodes : La première pousse l'animal jusqu'à l'état demi-gras, la seconde amène l'animal à l'état gras. Au-delà commence un engraissement commercial, mais qui est du reste obtenu par les mêmes aliments que ceux de la deuxième période. C'est ce qu'on nomme l'engraissement de concours, produisant l'animal fin gras.

Si nous prenons 80 comme coefficient du poids vif dans la première prériode, et 78 dans la seconde, exprimé en fonction du périmètre de poitrine, on aura pour un bœuf de 600 kilos le périmètre égal à :

1re période $\sqrt[3]{600 : 80} = 1^m,95$ dont le carré est $= 3^m,80$

2e période $\sqrt[3]{640 : 78} = 2^m$ dont le carré est $= 4^m$

Les facteurs pratiques de rationnement sont :

	Sucre	Protéine	Graisse
Pour la première période.	1.48	0.451	0.13
Pour la deuxième période.	1.44	0.46	0.15

Nous aurons donc :

Première période	5.624	1.713	0,494	R. N. = 1/4
Deuxième période.	5.76	1.84	0.60	R. N. = 1/4

Pour donner la relation nutritive aux environs de 1/6.5 et 1/5.5 nous modifierons ainsi les éléments nutritifs :

	Sucre	Protéine	Graisse	
Première période	6.224	1.113	0.494	R. N. = 1/6.6
Deuxième période.	5.96	1.34	0.60	R. N. = 1/5.5

La ration sera :

		Sucre	Protéine	Graisse
1re période	20 kilos betteraves .	2.4	0.2	0.02
	25 kilos maïs ensilé.	2.75	0.27	0.17
	15 kilos ray-grass .	1.215	0.19	0.07
	1 kilo tourteau. . .	0.172	0.432	0.065
		7.132	1.247	0.24

		Sucre	Protéine	Graisse
2e période	15 kilos betteraves .	1.8	0.15	0.015
	15 kilos maïs fourr.	1.650	0.13	0.03
	10 kilos ray-grass .	1.210	0.260	0.075
	2 kilos tourteau. .	244	0.864	0.130
	1 kilo mélasse. . .	645	0.80	»
	500 grammes lin . .	98	93	0.168
		5.647	1.577	0.418

Dans ces deux rations l'excédent de protéine comble le déficit en graisse et la relation nutritive est moins large

Ces rations sont partagées en trois repas :

Le premier, servi le matin de bonne heure, se compose de la moitié du mélange des betteraves et du tourteau plus 10 kilos de maïs.

A 11 heures, boisson tiède.

A 12 heures, deuxième repas semblable au premier.

A 4 heures, boisson tiède.

A 5 heures, troisième repas, 15 kilos de ray-grass.

Vers la fin de l'engraissement on ajoute à la ration 500 grammes de graine de lin.

Au point de vue économique, ces rations reviennent à :

PREMIÈRE RATION			DEUXIÈME RATION		
20 kilos betteraves. . .	0 fr.	30	15 kilos betteraves . .	0 fr.	225
25 kilos maïs	0	25	15 kilos maïs.	0	15
15 kilos ray-grass . . .	0	30	10 kilos ray-grass . .	0	20
1 kilo tourteau	0	18	2 kilos tourteau. . .	0	36
	1 fr.	03	1 kilo mélasse . . .	0	13
			0 kil. 5 gr. lin . . .	0	12
				1 fr.	185

Traitement des poulains. — Les poulains que nous élevons ont surtout besoin d'une alimentation riche en protéine et en sels minéraux pour former leur squelette et leurs muscles.

La base de leur alimentation sera l'herbe de prairie qu'ils prennent eux-mêmes.

Quand ils arrivent dans l'exploitation à l'âge de six ou huit mois, la saison d'herbe est généralement passée, ils sont rentrés la nuit dans des boxes où ils reçoivent la ration suivante :

Avoine	1 kil. 500 gr.
Maïs	2
Féverolles	1
Son	500 gr.
Foin.	6 kil.

De douze à dix-huit mois ils restent constamment à l'herbage où ils reçoivent tous les jours 3 litres d'avoine.

A dix-huit mois ou deux ans commence le dressage, l'animal reçoit alors outre la ration qui lui est nécessaire pour continuer son développement, les éléments que demande la production du travail.

Si nous prenons des animaux de 600 kilos à deux ans nous aurons pour l'entretien productif :

Périmètre de poitrine = $1^m,95$, son carré = $3^m,83$

5 kil. 88 de sucre, 0 kil. 743 de protéine et 0 kil. 192 de graisse.

en faisant travailler nos jeunes chevaux 2 jours sur 3, nous aurons à fournir pour :

$$\frac{(3.83 \times 6.37) \times 2}{3} = 1626 \text{ dynamies.}$$

Crevat admet que pour les bêtes de travail en production on ajoute à la ration d'entretien :

1 kil. 2 de sucre, 0 kil. 60 de protéine et 0 kil. 14 de graisse par 1,000 dynamies de travail produit :

	Sucre	Protéine	Graisse
Pour 1626 dynamies . . .	1 k. 951	0 k. 975	0 k. 228
Pour l'entretien.	5 88	0 743	0 192
Total	7 k. 831	1 k. 713	0 k. 420

Les chevaux recevront :

	Sucre	Protéine	Graisse	Prix
4 kilos avoine	2 k. 228	0 k. 428	0 k. 212	0 fr. 64
4 kilos son	1 836	448	120	0 56
1 kilo tourteau arachides .	172	432	65	0 18
6 kilos foin	2 400	342	96	0 30
1 kil. 5 mélasse	967	120		0 20
Total	7 k. 603	1 k. 770	0 k. 493	1 fr. 78

Bétail entretenu dans l'exploitation. — Nous allons à titre de renseignement, chercher avec les données approximatives que nous fournit la science agricole, les ressources fourragères de l'exploitation, pour en déduire le nombre d'animaux à entretenir.

Ces calculs basés sur l'équivalent foin d'une part et sur le rationnement au 1/30 du poids de l'animal ne peuvent nous servir que pour établir à la fin de ce travail un compte approximatif.

Dans la pratique leur application amènerait non seulement des erreurs mais aussi des pertes.

L'équivalent foin étant lui-même très variable suivant les auteurs, nous avons pris les moyennes qui semblent se rapprocher le plus des diverses estimations.

NOMS DES RÉCOLTES	Rendement à l'hectare	Nbre d'hect.	Rendement total	Equival.	Valeur foin
Betteraves : racines. . .	65.000	12	780.000	400	195.000
Seigle.	20.000	12	240.000	320	75.000
Maïs	100.000	12	1.200.000	450	266.666
Avoine { paille	6.000	12	72.000	160	45.000
Avoine { grain	3.500	12	42.000	57	73.680
Ray-grass.	15.000	24		100	360.000
Vesce.	20.000	12	240.000	370	64.864
Tourteaux.	68.400			30	228.000
					1.309.210

Si nous admettons le rationnement au 1/30 du poids vif, un animal mangera en une année 12 fois son poids de foin, c'est-à-dire que si nous prenons une tête moyenne de 650 kilos nous aurons par tête de bétail une consommation de :

$$650 \times 12 = 7{,}800 \text{ kilos de foin sec.}$$

Nous pourrons donc entretenir :

$$\frac{1{,}309{,}210}{7{,}860} = 167$$

qui se répartissent ainsi :

135 bœufs de 650 kilos = ... 135 têtes théoriques.
12 chevaux de travail de 800 kilos = 16 — —

151

Il nous reste 16 têtes de gros bétail qui seront constituées par les porcs, deux vaches à lait et les poulains que nous entretenons l'hiver à l'écurie. Nous mettrons dans nos herbages 32 vaches grasses et 10 à 15 poulains.

LES ENGRAIS ET LES LITIÈRES. — Nous nous attacherons autant que possible à employer comme seule fumure le fumier produit sur l'exploitation, parce que c'est l'engrais qui nous donne les principes fertilisants au plus bas prix et dans les meilleures conditions, relativement au régime des plantes fourragères.

Aussi dans sa fabrication aurons-nous pour but de réunir toutes les conditions pouvant assurer sa meilleure fabrication et diminuer dans la mesure du possible les pertes en azote, tout en réduisant au minimum la main-d'œuvre qu'il nécessite.

La sole d'avoine que nous avons intercalée dans notre assolement est loin de nous fournir la paille qui nous est nécessaire pour constituer la litière des animaux, nous devons avoir recours à d'autres matières.

Dans notre exploitation qui se trouve à proximité des deux vallées de la Somme et de l'Oise cette matière est tout indiquée, c'est la tourbe.

La tourbe de la vallée de la Somme n'a pas certainement la qualité de celle que l'on extrait en Allemagne; elle est noire, poudreuse et terreuse, mais elle est susceptible de constituer encore une excellente litière.

La tourbe a sur la litière de paille de nombreux avantages.

Elle est plus molle, plus douce au toucher, plus élastique, elle procure un meilleur couchage et le bien-être des animaux s'en trouve augmenté. Son état de division extrême permet de la répartir plus facilement sous les animaux en stabulation, elle donne un fumier plus ténu, qui se charge, s'épand et s'enfouit mieux.

Le grand avantage de la tourbe sur les autres litières ordinairement employées réside surtout dans ce fait, qu'elle possède la double propriété de fixer l'ammoniaque à la manière du noir animal et d'absorber de grandes quantités d'urine et de purin. Alors que la paille absorbe par 100 kilos 220 litres d'eau, la tourbe en absorbe 500 à 700 litres.

La propriété fixatrice de cette litière pour l'ammoniaque est nettement démontrée dans l'expérience suivante :

Dans des écuries semblables, on a placé des chevaux, ayant pour litière, les uns de la paille, les autres de la tourbe. L'ammoniaque contenue dans l'air de chacune de ces écuries a été dosée ; voici les résultats :

	Ammoniaque par mètre cube d'air	
	TOURBE grammes	PAILLE grammes
1er jour	0,0000	0,0012
2e —	0,0000	0,0028
3e —	0,0000	0,0045
4e —	0,0000	0.0087
5e —	traces	0.0183

Avec la litière de tourbe il faut attendre le cinquième jour pour trouver des traces du gaz ammoniaque alors qu'à ce même temps la litière de paille en dégage déjà d'énormes proportions.

La tourbe a encore sur la paille un avantage économique de premier ordre. D'abord elle coûte moins cher : alors que les 1,000 kilos de paille nous reviennent rendus à la ferme à 40 francs, le même poids de tourbe nous revient à 15 ou 16 francs et cette dernière est bien plus riche en azote.

	Azote	Acide phosphor.	Potasse	Chaux
Paille de blé contient p^r 0/00.	4.80	2.30	4.9	2.6
Tourbe contient pour 0/00. . .	10.20	traces	3.10	traces

D'après la valeur fertilisante calculée en argent, nous aurons pour :

PAILLE		TOURBE	
Azote = 4.8 × 1.5 =	7 fr.	Azote = 15 × 1.5 =	22 fr. 5
P^2O^5 = 2.30 × 0.30 =	0 69	P^2O^5 =	
K^2O = 4.9 × 0.40 =	1 96	K^2O = 6 × 0.40 =	2 4
	9 fr. 65		24 fr. 9

Le fumier, comme nous l'avons dit à un chapitre précédent, est fabriqué sous les pieds des animaux.

Les bœufs maigres, à leur arrivée dans l'exploitation sont descendus par les plans inclinés dans les fosses où ils restent quelques jours sans litière, ce qui nous permet de recueillir un volume suffisant de purin pour l'arrosage de nos prairies naturelles et artificielles.

On donne ensuite à chaque animal 3 kilos de litière tous les jours, le fumier s'amasse ainsi jusqu'à la fin de l'engraissement, réunissant toutes les conditions les plus favorables à sa bonne fabrication : un tassage énergique, un arrosage continuel et l'abri des eaux pluviales.

Grâce à la nature de la litière, nous n'avons pas à redouter les émanations gazeuses, ammoniacales, si nuisibles à tous les animaux, mais la fermentation basse qui s'opère dans la masse fournit aux bovins couchés une douce chaleur, et réduit le fumier à un état très assimilable, à l'état comme sous le nom de « beurre noir ».

On pourrait reprocher à ce système de ne pas donner une masse homogène, en effet la partie postérieure contient les matières solides, la partie médiane les urines et la partie antérieure est indemne. En réalité ces trois zones ne sont jamais aussi nettement délimitées qu'on pourrait le croire, si les excréments solides restent à leur place il est loin d'en être de même des liquides, ceux-ci en vertu des lois de la capillarité et surtout en raison de leur grande abondance, circulent dans toute la masse et comme ce sont les agents principaux de la fermentation ils mettent toutes les parties en transformation, dissolvent les principes solubles créés par l'action des ferments pour les disperser dans la masse entière.

Du reste la manière dont nous enlevons le fumier suffirait à elle seule pour rendre cet engrais uniforme et corriger les mauvais effets qui en résulteraient pour les récoltes. Les auges sont enlevées, et les voitures reculent dans la fosse, le fumier est tranché à la bêche de haut en bas et chargé à la fourche ensuite, en procédant comme pour le coupage des composts.

Si cette manière de fabriquer l'engrais offre les nombreux avantages que nous avons énumérés dans ce travail, son inconvénient principal, le seul du reste qu'elle présente, est celui-ci : A la fin de chaque période d'engraissement, c'est-à-dire vers les mois de décembre, mars et juin, le fumier dans les fosses a atteint sa hauteur maxima et nous devons l'enlever, or à ces différentes époques de l'année nos terres ne sont pas toujours prêtes pour recevoir la totalité des fumures dont nous disposons. Nous serons obligés après avoir utilisé ce que la préparation du sol nous permet, de transporter l'excédent dans les pièces qui devront recevoir la plus prochaine fumure. Le fumier sera accumulé en tombes au bord de la route, bien tassé et recouvert d'une légère couche de terre pour empêcher les gaz résultant de la seconde fermentation qui va s'opérer de s'échapper. Ce procédé ne nous demande pas de charrois supplémentaires, mais il nécessite deux chargements au lieu d'un et une certaine dépense de main-d'œuvre pour la confection du tas et son recouvrement.

Nous ajouterons au fumier sous les pieds des bœufs 1 kilo de phosphate de chaux par tête tous les deux jours. Le phosphate ainsi incorporé à la masse subit une série de réactions qui l'amènent à un état de solubilité très grand en produisant de l'acide phosphorique libre, des phosphates mono et bicalciques et de l'humate de chaux. Nous fournissons donc au sol de l'acide phosphorique sous une forme très assimilable qui nous revient à 0 fr. 90 ou 1 franc les 100 kilos, alors que le superphosphate coûte 0 fr. 32 l'unité d'acide phosphorique. Le fumier de tourbe ainsi fabriqué est plus riche que le fumier ordinaire parce qu'il est plus concentré et que la litière contient plus d'azote. Il est aussi plus actif, moins long à se décomposer parce qu'il se mélange mieux au sol et qu'il contient plus d'urine.

Pour les chevaux la quantité de litière est la même. On enlève le fumier seulement tous les trois jours, pendant deux jours on recouvre la couche imbibée par de la litière propre. Le fumier est amassé sur une plate-forme et arrosé au purin plusieurs fois par semaine.

La tourbe fournit un fumier très riche, mais sa composition est très variable, nous pouvons considérer comme une moyenne les chiffres suivants :

Azote	0.6
Acide phosphorique	0.25
Potasse	0.55

Wœlcker a trouvé que le fumier de tourbe valait presque deux fois et demie le fumier de ferme ordinaire.

Dans une expérience ou chaque hectare recevait sous forme de fumier de tourbe et de paille 408 kilos d'azote et les quantités correspondantes de fumure, savoir :

Fumier de paille	80.000 kilos
— de tourbe.	60.000 —

On a eu par hectare les rendements suivants :

	1re ANNÉE, BETTERAVES		2e ANNÉE, AVOINE	
	Racines	Feuilles	Grains	Paille
Fumier de paille . . .	52.800	12.000	2.625	4.375
Fumier de tourbe. . .	66.400	17.000	2.850	4.750
Sans fumier	46.000	9.400	1.837	3.063

Nous estimerons, pour établir entre les cultures et les spéculations animales un juste équilibre, le fumier produit à l'étable à 10 francs la tonne, c'est-à-dire un prix légèrement inférieur à la moyenne généralement admise pour la valeur de chaque élément.

Si nous évaluons la production de chaque animal à 15,000 kilos, nous aurons pour la place d'un bœuf une valeur argent de 150 francs ou pour neuf mois de présence à l'étable $\frac{150 \times 3}{4}$ = 112 fr. 50 ou 11,250 kilos d'engrais.

Outre le fumier de nos animaux et le phosphate naturel que nous y ajoutons, on emploie encore sur le domaine, bien plus pour stimuler à certaines époques la végétation des plantes que pour apporter au sol les éléments de fertilité, 7,200 kilos de superphosphate de chaux à 16/18, 4,200 kilos de nitrate de soude, 2,400 kilos de chlorure de potassium et 4,800 kilos de plâtre cru.

LA RESTITUTION

On a beaucoup discuté sur cette loi essentielle de l'agriculture. Si tous les agronomes sont d'accord sur son importance, rien n'est aussi variable que leurs opinions sur son application.

Les uns prenant le mot restitution au pied de la lettre se sont contentés de rendre à la terre le fumier de la ferme, engrais qui est l'image du sol, qui est comme lui pauvre ou riche en tel ou tel élément. Ceux-là s'ils font de la culture améliorante augmentent en même temps que la fertilité de leur sol la disproportion entre les principes mêmes de la fertilité. Ils font agir en même temps deux effets contraires, l'un tend vers l'amélioration de la terre, l'autre vers son appauvrissement en rompant l'équilibre entre les éléments actifs.

D'autres s'appuyant simplement sur l'analyse du sol, ont cherché par l'apport successif de diverses doses d'engrais à rétablir dans leurs terres la meilleure proportion entre les divers agents de la fertilité. Ces derniers se rapprochaient sans doute plus de la vérité que les précédents, mais ils étaient encore loin de l'atteindre car ils s'appuyaient sur une base qui n'est pas exacte, l'analyse chimique.

A notre humble avis la question de la restitution est beaucoup plus compliquée qu'on le pense généralement. Les agents qui interviennent dans l'enrichissement ou l'appauvrissement d'un sol sont extrêmement nombreux, ils le sont d'autant plus que le mode de culture s'éloigne de l'exploitation primitive du sol, c'est-à-dire du pâturage, pour se rapprocher de la culture intensive. Nous serions loin d'avoir le bilan de l'azote, de la potasse ou de l'acide phosphorique en faisant la différence entre les apports d'engrais et les exportations sous forme de grains, de viande, etc... Pour obtenir un calcul exact il faudrait faire intervenir au chapitre des apports d'engrais l'enrichissement par les légumineuses, par les microorganismes du sol, par les eaux fluviales, etc., et au chapitre des pertes ou exportation les pertes des fumiers à l'étable ou en tas, les pertes de l'azote dans les eaux d'infiltration du sous-sol, les actions de la dénitrification, etc.

Il est impossible en face de ces phénomènes naturels dont peu sont bien connus et dont l'évaluation est extrêmement variable d'arriver à une solution précise.

Un des facteurs les plus importants de l'appauvrissement en azote est certainement la perte que subissent les fumiers tant à l'étable qu'en tas. Alors que d'après Muntz le fumier de mouton perd à la bergerie 40 0/0 de son azote, certains fumiers de vache ne perdent que 15, 20 et 25 0/0, selon que la fabrication a été entourée de plus ou moins de soins.

Cependant je crois que pour l'azote on peut en pratique estimer que, sauf pour l'exportation résultant de la vente des grains ou des animaux, les pertes et les grains s'équilibrent. Je m'appuie pour émettre cette opinion sur ce fait que dans la plupart des fermes de nos régions le seul engrais employé est le fumier, puisque la luzerne hors sole restitue l'azote enlevée par les céréales et les productions animales.

Pour l'acide phosphorique et la potasse les pertes sont peu élevées sauf pour les prairies), nos animaux gras exportent une quantité négligeable de phosphore et peu de potasse. Ces deux éléments ne sont pas enlevés par les eaux de drainage, ils ne peuvent pas se constituer comme l'azote par action microbienne.

Nous nous trouvons donc pour calculer la restitution en présence de deux méthodes.

La première exclusivement théorique consiste à évaluer d'une part la teneur totale en azote, acide phosphorique et potasse de la masse des fourrages, à évaluer la perte des fumiers en azote, l'exportation des animaux ; à faire d'autre part la somme des restitutions en azote sous forme de tourteaux , de fumier, d'aliments étrangers à l'exploitation et d'engrais chimiques, etc... et à faire la différence de ces deux sommes pour savoir approximativement si le sol s'enrichit et de quelle quantité il s'enrichit.

La seconde méthode beaucoup plus simple tient compte simplement de ce qui est exporté du domaine, animaux, grains, etc..., et de ce qui est importé, tourteaux, engrais chimiques, etc...

La première méthode semble la meilleure, mais pour passer de la théorie à la pratique, nous nous trouvons, comme nous le disions plus haut, en présence de difficultés insurmontables : variations dans la teneur des plantes récoltées, dans leur rendement, variation dans les pertes subies par les fumiers ; il nous faudrait avoir sans cesse recours à l'analyse chimique, c'est-à-dire transformer la ferme en un laboratoire où chaque élément, chaque opération serait pesée, analysée, mesurée et évaluée exactement.

Ce serait demander à la théorie au prix de travaux considérables ce que la pratique peut nous donner si facilement. Le meilleur criterium de la restitution n'est-il pas en effet la régularité dans la production et l'augmentation des rendements ?

La seconde méthode qui sans doute n'est pas la plus exacte est au moins la plus pratique, aussi est-ce à ce titre que nous la préférerons à la précédente ; elle admet, comme nous le disions plus haut, que les pertes et les gains en azote, qui ne résultent pas du fait des spéculations, s'équilibrent dans un domaine ordinaire. Cependant dans notre assolement il faut considérer que les légumineuses ne figurent que pour une faible proportion et que l'enrichissement naturel du sol en azote est considérablement réduit ; mais d'autre part nos pertes sont aussi très faibles, nous avons vu précédemment comment par les soins apportés à la fabrication du fumier, nous les réduisons au minimum : la terre toujours occupée par une récolte ne reste jamais en demi-jachère, nous ne devons donc pas craindre de voir notre azote se perdre dans le sous-sol avec les eaux de drainage.

Pour les herbages nous ne pouvons rechercher l'exacte restitution qu'en suivant la seconde méthode, car il nous est aussi impossible d'évaluer la récolte en foin que la valeur fertilisante des engrais rendus au sol.

Pour ces diverses raisons nous croyons donc qu'il est plus rationnel de calculer tout ce qui est exporté, c'est-à-dire le bétail, et tout ce qui est importé, c'est-à-dire les tourteaux, la mélasse, le maïs, les litières, les engrais chimiques, etc...

Composition des différents produits exportés ou importés

ANIMAUX	PAR 100 KILOGRAMMES DE POIDS VIF		
	Az.	P^2O^5	K^2O
Bœufs et vaches d'engraissement, 100 kil. de poids vif acquis pendant l'engraissement	2.80	0.43	2.80
Poulains	2.68	2.00	0.17
Porcs	2.00	0.90	0.18
Lait	6.4	1.9	1.7
VÉGÉTAUX			
Lin	3.20	1.30	1.04
Son de blé	2.24	2.88	1.33
Tourteau d'arachide décort.	7.51	1.33	1.50
Tourbe	1.50	»	»
ENGRAIS			
Superphosphates	»	16	»
Nitrate	15.00	»	»
Chlorure de potassium	»	»	54
Phosphates	»	30	»

EXPORTATION

1° PRODUITS ANIMAUX		Az.	P^2O^5	K^2O
540 bœufs faisant 90 kil. d'augmentation	48.600	1.360	208,98	1.360
32 vaches pesant 130 kil	4.160	116,48	17,88	116,48
5 poulains de 800 kil.	4.000	107,20	80	6,80
6.000 litres de lait	6.000	38,4	11,4	10,2
5 porcs de 200 kil	1.000	20	9	1,8
TOTAL		1.642,08	327,26	1.495,28

IMPORTATION

	Az.	P^2O^5	K^2O
156.600 kil. de tourbe à 1.5 0/0 Az.	2.349	»	»
68.400 kil de tourteau	5.136,84	909,72	1.026
Graine de lin. son, maïs, etc.	530	200	270
7,200 kil. de superphosphate	»	1.152	»
4,200 kil. de nitrate	630	»	»
2,400 kil. de chlorure de potassium	»	»	1.296
16.200 kil. de phosphate	»	4.860	»
Total	8.675,84	7.121,72	2.592

	Az.	P^2O^5	K^2O
Importation	8.675,84	7.121,72	2.592
Exportation	1.642,08	327,26	1.495,28
Différence	7.033,76	6.794,46	1.096,72

Conformément à ce que nous avons dit précédemment, on peut voir d'après ces chiffres approximatifs que nous avons surtout cherché à enrichir le sol en azote et en acide phosphorique ; quant à la potasse, nous le répétons, le sous-sol nous la fournit en assez grande quantité pour que nous n'ayons pas à nous inquiéter de sa restitution, le seul point important est de ne pas en diminuer la dose ; les 1096 kil. 72 que nous apportons au domaine serônt à ce point de vue plus que suffisants pour réparer toutes pertes qui pourraient avoir lieu par suite de causes très diverses.

LE MATÉRIEL

Les instruments sont peu nombreux par suite de notre mode d'exploitation.

Dans leur choix nous nous attacherons surtout à leur côté pratique. Nous nous servons de tous les modèles courants dans les fermes, aussi leur description nous paraît-elle inutile.

Ces instruments sont les brabants, les herses, tombereaux, etc., un hache-maïs système Albaret, un aplatisseur-concasseur, un coupe-racines, une faucheuse-moissonneuse, un Decauville, etc.

Nous préférons la moissonneuse-javeleuse à la moissonneuse-lieuse parce que, pour la faible étendue de céréales que nous récoltons annuellement, son emploi est plus économique.

Une moissonneuse-javeleuse coûte environ 500 francs, une moissonneuse-lieuse coûte 900 francs.

Les dépenses annuelles comportent :

1° L'amortissement en 10 ans de 42 fr. 30 pour la javeleuse et 76 fr. 10 pour la lieuse.

2° L'intérêt du prix d'achat compté à 3 %, il donne 15 francs pour la javeleuse et 27 francs pour la lieuse.

3° Frais d'assurance à 0 fr. 10 pour cent, soit 0 fr. 50 pour la javeleuse et 0 fr. 90 pour la lieuse.

Soit 57 fr. 40 pour la javeleuse et 104 francs pour la lieuse.

Dépenses par hectare :

	Javeleuse	Lieuse	
Liens et liage.	8.70	6	(ficelle)
Conduite, entretien	3	4	
Main-d'œuvre au dizeau.	1.70	2.80	
	13.40	12.80	

Pour 12 hectares : $\frac{57.40}{12} + 13.40 = 18.23$ $\frac{104}{12} + 12.80 = 21.46$

Nous trouverons dans les ventes aux environs des instruments d'occasion dans d'excellentes conditions.

LA COMPTABILITÉ

La comptabilité est pour l'agriculteur le criterium de ses entreprises, aujourd'hui surtout, parce que les opérations commerciales prennent sans cesse une importance plus grande dans la ferme.

En relation constante avec les commerçants d'une part et avec ses propres opérations d'autre part, l'agriculteur trouve dans ses livres non seulement une seconde mémoire, mais souvent des enseignements précieux.

Dans notre exploitation surtout où le produit du sol est consommé par les animaux, une comptabilité sérieuse s'impose, une comptabilité qui nous permette de nous rendre compte rapidement des bénéfices que nous a donnés telle ou telle culture, telle ou telle spéculation animale.

Il faut, pour arriver à ce but, distinguer d'abord le compte culture du compte bétail, puis pour la première partie ouvrir un chapitre spécial pour chaque sole.

Seule la comptabilité en partie double peut nous donner ces résultats et, malgré les nombreuses attaques et les nombreuses critiques dont elle a été l'objet, nous n'hésitons pas à l'adopter.

Si la comptabilité en partie simple peut se comprendre pour une exploitation herbagère où, entre l'animal producteur d'argent et le sol, on ne distingue pas les fourrages, où la totalité des terres exploitées donne pour les mêmes frais par hectare les mêmes rendements, il est loin d'en être de même dans une exploitation où les cultures sont variées, où les frais sont également variables, là chaque fourrage a un prix de revient différent et selon qu'il entre en plus ou moins grande proportion dans la ration amène le bénéfice ou la perte. La comptabilité en partie simple ne donne l'état d'aucune culture en particulier; elle mentionne les les recettes et les dépenses sans en indiquer ni l'origine ni le but. Elle est incapable de signaler les pertes partielles, elle ne donne que le bénéfice final sans même qu'on puisse en attribuer une part plus ou moins grande à telle spéculation. Loin d'amener dans les affaires du cultivateur la lumière, elle n'y engendre que l'obscurité, tout en le préservant de la ruine elle ne peut le porter vers des entreprises meilleures et augmenter son bénéfice.

On a fait à la comptabilité en partie double le reproche d'être compliquée, de demander de nombreuses écritures, d'être un trompe-œil, une comptabilité de parti pris. (Dubos.)

La comptabilité en partie double ne demande que deux livres, le journal et le grand-Livre. Les livres auxiliaires sont les mêmes que pour la comptabilité en partie simple, l'inventaire est semblable dans les deux cas.

Loin d'être une comptabilité de parti-pris elle fait entrer dans les comptes tous les produits à leur véritable valeur, c'est-à-dire au cours de l'époque ; elle vend aux animaux des fourrages à 50 francs les 1,000 kilos comme elle les vendrait au commerce ; elle vend au sol du fumier à 12 francs la tonne comme le vendent les écuries des villes. Que l'on cède les produits du sol à des animaux qui les transforment ou qu'on les vende aux marchands, où est la différence ?

Contrairement à ce qui se passe en partie simple, les comptes ne sont pas ici solidaires, pas plus dans le bénéfice que dans la perte, et en prenant pour base d'évaluation des denrées le cours des marchés, il peut très bien arriver que dans une exploitation nous réalisions pendant une période un bénéfice appréciable sur un compte culture alors que nous perdrons sur le compte bétail, et que pendant une période suivante ces faits se trouvent intervertis. Que le fourrage par exemple monte à

100 francs les 1,000 kilos, nous perdrons sur nos animaux ; au contraire, qu'il descende à 30 francs, nous perdrons sur la culture pour gagner sur les animaux. Nous pouvons enfin perdre sur les deux, ce qui est rare, si les fourrages comme les bêtes sont à vil prix. Ce qui fait dans notre système l'indépendance entre la bouverie et la terre, c'est le prix du fumier qui reste invariable, quels que soient les pertes ou les gains.

Nous avons trois livres principaux :

Le livre d'inventaires.
Le livre-journal.
Le grand-livre.

Les livres secondaires sont peu nombreux, nous avons :

Registre auxiliaire ou tableau de travail.
Registre de main-d'œuvre.
Registre pour les bœufs et les vaches d'engraissement.
Registre pour les chevaux élevés.

INVENTAIRE. — L'inventaire est la principale des opérations de toute comptabilité, il contribue à lui seul à établir l'état financier du domaine, le bénéfice annuel résultant en effet de la différence existant entre la fortune du cultivateur à deux inventaires différents, que cette différence soit due à une augmentation du mobilier, à une amélioration du fonds ou à une augmentation des capitaux en caisse.

On a proposé pour l'exécution de l'inventaire des époques très variables. Généralement on choisit la fin de décembre dans la culture ordinaire, mais étant donné les circonstances où nous nous trouvons, nous préférons l'exécuter en fin juin ou commencement de juillet. C'est l'époque qui convient le mieux aux spéculations; si en effet quelquefois le temps nous manque à ce moment, l'opération nous est par contre considérablement facilitée, parce que :

1° A cette époque de l'année nos bœufs sont vendus pour la plupart, nous n'avons donc, comme nous ne les remplaçons pas avant septembre, qu'à évaluer les espèces en caisse provenant de leur liquidation.

2° Les poulains entiers sont aussi généralement vendus ou étant préparés à la vente il est plus facile de les estimer avec précision.

3° Les récoltes sont à leur maximum de végétation, on peut aisément supputer leur rendement, les plantes en culture dérobée et les premières coupes de ray-grass sont récoltées ; seules, les betteraves et le maïs commencent leur végétation ; il est donc facile d'évaluer l'argent mis en terre sous forme d'engrais et de travaux.

4° Nous n'avons plus d'anciens fourrages dans les silos.

Dans l'évaluation de notre inventaire nous procéderons de la manière suivante :

Pour les instruments, nous n'estimons pas l'amortissement comme on le fait généralement à 10, 15 ou 25 0/0, ce qui entraîne à chaque estimation nouvelle des calculs longs et compliqués et multiplie les causes d'erreurs.

Par ce système d'amortissement on suppose deux choses qui sont loin d'être exactes :

1° Que l'usure est proportionnelle au service rendu par l'instrument ;

2° Que la diminution de valeur est proportionnelle à cette usure.

Il peut très bien arriver en effet que tel ou tel instrument, une faucheuse, un râteau, une charrue, etc., se trouve brisée par un accident quelconque, de plus par le fait même qu'un instrument a déjà servi, il perd beaucoup de sa valeur.

Il est encore une autre considération à faire ; en vente publique un instrument d'occasion n'a de valeur pour les agriculteurs de la région qu'autant qu'il est très répandu et d'un usage commun, par exemple une moissonneuse-lieuse ne sera pas achetée dans un pays herbager, un hache-maïs dans une région où on ne cultive pas cette plante.

Pour ces diverses raisons les estimations que nous ferons aux inventaires ne reposeront sur aucune base fixe, mais généralement nous admettrons que pour les outils d'usage courant, la diminution de valeur sur l'état neuf est voisine de 1/3, mais qu'étant ainsi dépréciée elle varie peu d'une année à l'autre.

Quant à l'inventaire des animaux : pour les bœufs il se réduit à compter les espèces en caisse ; mais pour les poulains et les étalons à présenter à la vente, les prix sont essentiellement variables : en effet, nos jeunes chevaux, loin de subir un amortissement, voient leur valeur croître chaque année, mais nous n'avons aucune base pour apprécier cette augmentation : tel animal peut valoir à quatre ans 4,000 et 5,000 francs, comme il peut ne pas dépasser 1,800 francs. Entre ces deux limites la marge est grande, aussi est-il nécessaire de faire notre inventaire avec la plus grande impartialité.

Les récoltes sur pied ou celles qui sont déjà ensilées s'apprécient aisément, à l'œil pour les premières, au mètre cube pour les secondes.

En principe, pour éviter de fausses illusions sur le capital employé dans la ferme, nous nous tiendrons pour toutes nos évaluations plutôt en dessous de la moyenne qu'au-dessus.

Etant donné les circonstances dans lesquelles nous nous trouvons, il nous est impossible de donner, même approximativement, les détails de l'inventaire, parce que :

1° Les rendements des fourrages sont essentiellement variables, avec la sécheresse ou la pluie les différences peuvent aller du simple au double.

2° La valeur de nos animaux reproducteurs qui entre pour une grande part dans le capital, est essentiellement variable.

3° Parce qu'il nous est impossible de faire une énumération exacte de tous les objets mobiliers qui devront se trouver dans l'exploitation.

Toutefois je puis avancer que le capital d'exploitation par hectare dépassera certainement 2,000 francs.

JOURNAL. — Le journal ou main courante nous servira à inscrire dans l'ordre chronologique toutes les opérations de l'exploitation, quelle que soit leur nature et l'objet auquel elles se rapportent.

Il est ainsi composé :

Date	Libellé des articles	Recettes	Dépenses	Mémoire

Chaque semaine ou même plusieurs fois par semaine, les articles du journal ou main courante seront passés au grand-livre à leur ordre et avec le numéro de la page qu'ils occupent dans le journal. Nous pourrons ainsi facilement, en passant d'un livre à l'autre, retrouver à quelle époque telle ou telle opération a eu lieu.

GRAND-LIVRE. — Le grand-livre est la base de notre comptabilité, c'est lui qui nous permet de nous renseigner sur la situation vis-à-vis d'un tiers ou d'un compte quelconque, ou sur les changements survenus.

Le grand-livre comprendra deux sortes de comptes :

1° Ceux qui représentent le cultivateur (caisse, capital, effets à recevoir);

2° Ceux qui représentent les valeurs du domaine (cultures, bouverie, écurie).

Sous la première partie nous grouperons les comptes suivants :

a) Caisse.
b) Effets à recevoir.
c) Effets à payer.

La seconde partie comprendra les comptes suivants :

a) Ecurie.
b) Bouverie.
c) Poulains.
d) Vaches.
e) Ménage.
fgh) Cultures, betteraves, avoine, maïs, etc.

A la fin de l'année comme à la fin de chaque mois le compte caisse nous donnera, par la différence entre le débit et le crédit, un aperçu du résultat de nos spéculations

Nous allons approximativement donner les comptes de culture, et celui de la bouverie. Quant aux comptes écurie, poulains, ménage, effets à recevoir et à payer, les chiffres sont trop variables pour que nous puissions, même très approximativement, donner un aperçu de leur état. Si de ce fait il nous est impossible de trouver le bénéfice qu'ils donnent, nous pouvons aisément nous convaincre, en nous reportant aux chapitres précédents, que ces comptes ne nous mettent jamais en perte.

Débit **COMPTE BOUVERIE** *Crédit*

Débit		
180 bœufs à 400 fr.		72.000
Nourriture de 180 bœufs pendant 45 jours, à 1 fr. 03 par jour et par tête	8.343	
Nourriture de 180 bœufs pendant 45 jours, à 1 fr. 183	9 598	
TOTAL ...	17.941	17.941
Gages du bouvier et de son aide...	1.050	
Nourriture du bouvier et de son aide	720	
Primes du bouvier et de son aide...	70	
Entretien du matériel	200	
	2.040 : 3 =	680
Frais de vente et d'achat à 15 fr. par tête		2.700
Intérêt des animaux à 3 %. ...		540
Frais divers.................		100
TOTAL DU DÉBIT ...		93.961

Crédit	
180 bœufs à 511 fr......	91.980
Fumier, 4.000 kil. à 10 fr. pour 180 bœufs	7.200
TOTAL DU CRÉDIT	99.180
TOTAL DU DÉBIT	93.961
BÉNÉFICE	5.219

Comme nous engraissons annuellement 540 bœufs, ce compte se répétera 3 fois et nous aurons pour l'année :

$5.219 \times 3 = 15.657$ fr.

Débit **Compte cultural d'un hectare de Betteraves** *Crédit*

Débit		Crédit	
Location du sol et impôts . .	95 »	65.000 kil. de racines à 15 fr.	975 »
Labour à $0^m.35$	40 »	30.000 kil. feuilles et collets à 5 fr.	150 »
Extirpage à $0^m,30$.	25 »		1.125 »
Fumier $\frac{60.000}{2}$ à 12 f. les 1,000 k.	360 »		
150 kil. nitrate à 20 fr.. . . .	30 »		
100 kil. de chlorure de potassium	20 »		
Hersage et roulage	15 »	BALANCE : 1.125 — 735 = 390 fr.	
Semence et frais	40 »		
Binages	60 »		
Arrachage et rentrée	50 »		
	735 »		

Débit **Compte cultural d'un hectare de Maïs fourrage** *Crédit*

Débit		Crédit	
Loyer, impôts $\frac{95}{2}$	47 50	100,000 kilos de maïs à 10 fr. les 1,000 kil. . . .	1.000 »
Labour	30 »		
Hersage, roulage.	15 »		
Semis	45 »		
Fumure { fumier, 30,000 kilos à 12 fr. les 1,000 k.	360 »		
Fumure { 200 kilos nitrate à 20 francs.	40 »	BALANCE : 1.000 — 657 50 = 342 50	
Fumure { 100 kilos chlorure de potassium . .	20 »		
Fauchage	40 »		
Rentrée, chargement, ensilage	60 »		
	657 50		

Débit **Compte de culture d'un hectare d'Avoine** *Crédit*

Débit		Crédit	
Loyer, impôts.	95 »	60 hect. de grain à 8 fr. . .	480 »
Labour, extirpage, hersage. .	50 »	6,000 kilos paille à 30 fr. . .	180 »
Fumure { 15,000 kilos fumier.	180 »		660 »
Fumure { 500 kilos superph.	40 »		
Semences et frais.	40 »		
Soins de culture.	10 »	BALANCE : 660 — 505 = 155 fr.	
Récolte	40 »		
Rentrée, battage.	50 »		
	505 »		

Débit **Compte cultural d'un hectare de Ray-Grass** *Crédit*

Débit		Crédit	
Loyer du sol	95 »	15,000 kilos de foin sec, à 55 fr. les 100 kilos	825 »
Labour, hersages, roulage	15 »		
Fumure : 20,000 kil. fumier	240 »		
Purin, épandage	60 »	BALANCE : 825 — 470 = 355 fr.	
Semis	30 »		
Récolte	30 »		
	470 »		

Compte cultural d'un hectare de Seigle fourrage

Débit (CULTURE DÉROBÉE) *Crédit*

Débit		Crédit	
Loyer, impôts	47 50	20,000 kilos fourrage vert à 20 francs	400 »
Extirpage, hersages	20 »		
Fumure, 15,000 kilos	180 »		
Semis	30 »	BALANCE : 400 — 307 50 = 92 fr. 50	
Hersage, roulage	10 »		
Récolte, rentrée, ensilage	20 »		
DÉPENSES	307 50		

Compte cultural d'un hectare de Vesce de printemps

Débit (CULTURE DÉROBÉE) *Crédit*

Débit		Crédit	
Loyer, impôts	47 50	Equivalent de 6,000 kilos fourrage sec à 50 fr.	300 »
Hersages, roulage	15 »		
Semis, frais	40 »		
400 kilos plâtre cru	20 »	BALANCE : 300 — 142 50 = 157 fr. 50	
Coupe, rentrée, ensilage	20 »		
	142 50		

Pour le compte poulains nous reporterons au débit, les dépenses générales d'herbage entre ce compte et le compte vaches proportionnellement aux têtes et nous vendrons à l'écurie nos jeunes chevaux au prix moyen qu'ils pourraient avoir dans le commerce,

Pour le compte écurie nous ne calculons naturellement pas d'amortissement, mais la journée de travail est estimée à sa valeur réelle, abstraction faite du bénéfice provenant de la différence entre le prix d'achat et le prix de vente.

LES LIVRES SECONDAIRES. — Dans toute comptabilité, qu'elle soit simple ou compliquée, le cultivateur a besoin de livres secondaires, soit pour établir le prix de la main-d'œuvre, soit pour connaître le travail fourni par ses attelages.

Ce sont :

1° **Le livre de travail**. — Il a pour but de déterminer les journées de travail des animaux en les appliquant au compte qui en a profité; il permet également de noter les journées des charretiers.

Il est ainsi composé :

JANVIER 1906																
Date	Betteraves		Maïs		Avoine		Ray-Grass		Ray-Grass		Vesce		Seigle		Transports	
	Hommes	Chevaux	Hommes	Chevaux	Hommes	Chevaux	Hommes	Chevaux	Hommes	Chevaux	Hommes	Chevaux	Hommes	Chevaux	Hommes	Chevaux

Chaque semaine le premier charretier remet une feuille sur laquelle sont indiqués les travaux fournis par chaque cheval et chaque charretier et à quelle sole ou à quels charrois ils ont été occupés. Ces feuilles sont conservées et servent à remplir le livre ci-dessus.

Pour établir à la fin de l'année ou du mois le prix de revient de la journée du cheval, nous divisons le débit du compte écurie par le nombre de journées de travail.

2° **Tableau de main-d'œuvre.** — Sert à inscrire les journées des journaliers et à les affecter à chaque culture.

Il a la disposition suivante :

JANVIER	NOMS DES OUVRIERS							JOURNÉES	PRIX	Renseignements
JOURS	PRIX DE LA JOURNÉE									
Lundi. . .										
Mardi. . .										
Mercredi.										
Jeudi. . .										
Vendredi.										
Samedi. .										
TOTAL des journées. .										
A PAYER. .										

Dans les deux colonnes horizontales du bas nous avons le nombre de journées de chaque ouvrier et ce qui lui est dû ; dans les deux colonnes correspondantes du haut nous avons son nom et le prix de la journée. Dans les deux dernières colonnes verticales nous avons le nombre de journées par jour et la dépense. Enfin sous le titre renseignements nous notons la destination des journées.

Ce tableau nous simplifie les calculs au moment de la paye chaque semaine.

3° **Registre de bouverie.** — Contient le numéro de chaque bœuf, son poids à l'arrivée, son prix d'achat total et au kilo vif ; nous y inscrivons à chaque pesée son augmentation journalière.

4° **Registre d'élevage.** — Chaque poulain a un dossier spécial où sont déposés ses papiers d'origine, autant que possible les photographies de son père et de sa mère, et la sienne à son arrivée dans l'exploitation.

Il existe en outre un registre ainsi disposé :

Nom	Date de naissance	Nom du père	Nom de la mère	Nom du vendeur	Prix d'achat	Poids et Taille	
						à 6 mois	à 18 mois

Telle est en résumé notre comptabilité.

On peut se rendre compte aisément que, loin d'être compliquée, elle présente, avec la simplicité la plus grande, les renseignements les plus précis. Chaque compte y est l'objet d'un chapitre spécial le rendant indépendant de tous les autres.

A la fin de l'année la caisse et l'inventaire nous donnent d'une façon précise le bénéfice réalisé ; les autres chapitres du grand-livre nous indiquent quelle part ont prise les diverses spéculations dans ce bénéfice.

Nous n'avons pas de comptabilité matière ; en effet nous déterminons d'une façon précise la ration de nos chevaux ; leurs aliments sont distribués le samedi pour toute la semaine ; pour les conserves consommées par les bœufs, il nous suffit de nous rendre compte quelle est la longueur qui a été prise à chaque silo et de multiplier cette longueur par la section, nous avons ainsi le volume et par conséquent le poids des fourrages consommés.

CONCLUSION

Les chiffres ci-dessus ont leur éloquence, nous ne saurions rien y ajouter. Nous nous contenterons de faire remarquer que le bénéfice que nous réalisons par notre mode de culture dans l'exploitation est certainement plus élevé que celui que nous donnerait le système généralement adopté dans la région.

Sans doute les variations résultant de l'influence des cours sont plus à craindre que dans la production des céréales. Mais il faut toutefois que le prix de la viande de boucherie descende à 0 fr. 72 le kilo vif avec une différence de 0 fr. 03 entre la viande maigre et la viande grasse pour que nous arrivions au pair, c'est-à-dire que nous ne réalisions ni bénéfice ni perte sur l'engraissement de nos bœufs.

D'autre part notre production fourragère est bien moins que la culture des céréales sous l'influence des agents atmosphériques. Alors que pour cette dernière une forte tempête, en versant les tiges avant maturité, compromet la récolte, et que les pluies, pendant la moisson, font germer les grains et moisir la paille, les pluies et les orages sont pour nous sans inconvénients ; loin d'arrêter la rentrée des fourrages ou de provoquer la verse, qui serait du reste sans inconvénient, ils favorisent la végétation de nos prairies, de nos ray-grass. Enfin la production du cheval de trait peut être regardée à juste titre comme la moins hasardeuse des spéculations.

Nous pouvons donc attendre de l'avenir avec confiance le succès de notre entreprise agricole.

Si maintenant les conditions économiques qui nous régissent actuellement viennent à changer brusquement, si pour une cause quelconque des débouchés nouveaux viennent à se présenter, nous permettant de nous livrer à une culture plus lucrative encore que celle que nous venons d'exposer, nous trouverons toujours à notre disposition un sol enrichi et fertile qui pourra se prêter aux spéculations les plus exigeantes et des bâtiments vastes et pratiques.

Abbeville. — Imprimerie F. Paillart.

BIBLIOTHEQUE NATIONALE DE FRANCE
3 7531 00034272 6

www.ingramcontent.com/pod-product-compliance
Lightning Source LLC
Chambersburg PA
CBHW050552210326
41521CB00008B/934

* 9 7 8 2 0 1 9 5 5 9 2 9 8 *